心理咨询与治疗100个关键点译丛

100 KEY POINTS

Single-Session Therapy (SST):
100 Key Points and Techniques

单次咨询

100个关键点与技巧

（原著第二版）

（英）温迪·德莱登（Windy Dryden）著

赵 然 主译

化学工业出版社

·北 京·

Single-Session Therapy (SST) : 100 Key Points and Techniques, Second edition by Windy Dryden
ISBN 978-1-032-47878-4

北京市版权局著作权合同登记号：01-2025-3565

图书在版编目（CIP）数据

单次咨询 ： 100个关键点与技巧 / （英） 温迪·德莱登 (Windy Dryden) 著 ； 赵然主译. -- 2版. -- 北京 ： 化学工业出版社， 2025. 11. -- （心理咨询与治疗100个关键点译丛）. -- ISBN 978-7-122-49227-2

Ⅰ. B849. 1

中国国家版本馆CIP数据核字第20258UE827号

责任编辑：赵玉欣　姚璇琛
责任校对：张茜越　　　　装帧设计：关　飞

出版发行：化学工业出版社
（北京市东城区青年湖南街13号　邮政编码100011）
印　　装：中煤（北京）印务有限公司
710mm×1000mm　1/16　印张19¾　字数270千字
2026年1月北京第2版第1次印刷

购书咨询：010-64518888　　　售后服务：010-64518899
网　　址：http://www.cip.com.cn
凡购买本书，如有缺损质量问题，本社销售中心负责调换。

定　　价：68.00元

译者名单

李　青　李一岚　李鲁平

李　洋　赵　然

内容简介

即使是一次咨询会谈，咨询师也能带来改变。《单次咨询：100 个关键点与技巧》作者温迪 · 德莱登基于广泛且扎实的有效性论证，以 100 个关键点言简意赅地介绍了 SST 的基本思想和实践技术，比如：

- SST 的目标；
- “优秀的”SST 来访者的特征；
- 如何与来访者在首次接触中做到有效回应；
- 创建并维持一个工作焦点；
- 对来访者产生有用的情绪影响。

《单次咨询：100 个关键点与技巧》具备简洁易懂和实践性强两大特征，适合正在接受培训的咨询师和治疗师学习参考；执业咨询师和治疗师可以通过翻阅本书全面回看、反思、检讨自己的相关理念和技术。

作者简介

温迪 · 德莱登从事临床与咨询实践，是单次咨询领域的国际权威专家，伦敦大学金史密斯学院心理治疗学名誉教授。他从事心理治疗工作逾 45 年，撰写和编辑了 265 部以上的书籍。

译者序

时代催我们快一点，专业提醒我们稳一点。当“单次咨询”（Single-Session Therapy, SST）这一概念首次进入中文语境时，许多人会本能地把它理解为“只有一次咨询机会”的权宜之计。数年过去，从事临床咨询和治疗的同行们已对它不再陌生：高校心理中心用“先约一次”缩短等候名单，互联网平台把“即时倾诉”置于网上冲浪者的指尖，心理危机干预热线也开始讨论“一次性心理急救”。SST 从“舶来新知”悄悄变成了“时代刚需”，不是因为咨询师偏爱简短，而是来访者和系统都等不起冗长。温迪 · 德莱登教授在 2017 年撰写了本书第一版，2024 年再版，更让读者感受到 SST 像一把手术刀：锋利到可以切断无谓的等待，柔软到足以接住每一次情绪坠落。原来“助人”可以如此轻盈，又如此锋利。

德莱登既是理性情绪行为疗法（REBT）的专家，也是单次咨询领域最具国际影响力的倡导者之一。四十余年的临床实践与研究让他确信：对绝大多数来访者而言，真正起效的不是“次数”，而是“第一次会谈的质量”；不是“疗程长短”，而是“当下这一刻的专注与共鸣”。本书提供了两个宝贵的视角：一个是“技术手册”，用 100 个关键点直截了当地回答“SST 是什么、不是什么、如何做和不做什么”；另一个是“故事书”，穿插大量真实案例、对话片段、幽默隐喻，让读者在会心一笑中体会“少即是多”“快即是好”的威力。德莱登把看似反直觉的理念拆解成可操作的具体技能：怎样在 10 分钟内与来访者建立工作同盟？怎样用一句“你今天希望达成什么结果”迅速聚焦目标？怎样把塞翁失马、农夫与驴等古老寓言化作治疗性隐喻？这些技巧并不专属于某个流派，而是可以被认知行为、叙事、焦点解决，甚至心理动力学取向的咨询师各取所需。

翻译过程中，我们始终面对三大挑战：第一，如何在中文里保留德莱登特有的英式幽默与口语节奏；第二，如何既准确传达技术细节，又避免让读者产生“西方经验水土不服”的距离感；第三，如何让“单次”不再被误解为“唯一”。为此，我们选择把“Single-Session Therapy”译为“单次咨询”，这里的“单次”强调“每一次都可能是最后一次”，而非“只能有一次”。同样，我们把作者自创的“ONEplus Therapy”译为“加一次咨询”，以凸显“一次起步，随时可加”的弹性。

感谢每一位愿意翻开这本书的读者，谢谢你选择阅读由李青、李一岚、李鲁平、李洋和我组成的翻译团队的诚意奉献。无论你是高校心理中心的专职教师、社区机构的临床社工，还是私人执业的咨询师，都希望你能从这本书里带走一句话：改变不一定需要漫长疗程，真正的疗愈往往始于“此刻有人全神贯注地倾听你”。如果你愿意在第一次会谈中全力以赴，来访者就可能在第一次会谈后带着勇气与策略开始走向改变。而这，正是单次咨询最动人的地方。

愿我们都能在有限的时间里，给出无限的专注。

赵　然

2025 年 7 月，于北京

前言

在 20 世纪 90 年代初期，当我听说单次咨询（Single-Session Therapy, SST）领域有一些新的发展时，我当时和许多心理治疗师一样对此表示怀疑。毕竟，一次会谈能完成什么富有成效的工作？大体的结论是“没什么”，尽管我很好奇地买了摩西·塔尔蒙（Talmon, 1990）有关这个主题的书，但我没有足够的好奇心去阅读它，所以这本书一直放在我的书架上，直到我于 2014 年从大学退休。然后，受到探索心理治疗领域中对我而言的新事物的渴望和我一直在做的单次示范会谈中感受到的兴奋的驱使，我决定读塔尔蒙的书一遍、两遍、三遍，就好像灵光一闪一般。这就是我一直在寻找的挑战。因此，我开始了一段集中深入阅读相关文献的旅程，包括一份已出版的有关第一届单次咨询国际研讨会以及 2012 年在澳大利亚墨尔本进行的免预约咨询（Hoyt & Talmon, 2014a）的论文集和 2015 年在加拿大班夫举行的第二届国际研讨会的论文集预印版（Hoyt et al., 2018a）。我创建了认知行为疗法（CBT）风格的实践 SST 的方式（Dryden, 2017, 2022a）并且发展完善了我的单次示范会谈的方法，它只持续 30 分钟或更短，被我称为“极短程治疗性会谈”（Dryden, 2018a）。

首先我必须说，我喜欢以单次会谈和简短的方式工作。它让我充满能量，让我的思考更有创造性，而且，以我的拙见，我对此十分擅长。鉴于我对这个领域的热情，我迫不及待地想要推出这本书的第二版，并且现在我有机会了。在开始前，让我简单地介绍一下它。

100 个关键点

这本书是我为劳特利奇（Routledge）出版公司编辑的“心理咨询与治疗 100 个

关键点译丛”系列丛书之一。这套丛书简洁实用地介绍了咨询和心理治疗的方法和模式。因此，它们非常适用于培训或者想要提高实践能力的专业人士。这个系列的每一册书都包含了对于理论和实践要点的简洁描述，这意味着读者需要慢慢阅读与细细消化它。所以，要克制一口气读完这本书的冲动。当你阅读并消化一个关键点时，问问自己它可以如何拓宽你的实践。记住，要与文本内容进行深度互动。

个案使用单次咨询的个人经验分享

尽管我只在个体咨询中使用 SST，但 SST 也可以被运用到夫妻治疗、家庭治疗、团体咨询中。在使用 SST 的过程中，应该越通俗易懂越好，就像我正在写的这本书一样。

懂得取舍

如果你看一下目录，就会发现，本书涵盖了许多基础性的东西，尤其是本书第六部分。我想要把一件事完全讲清楚，但我不希望你把书中所有提及的技巧用在每个来访者身上。事实上，这是不好的做法。要像工匠用手里的工具箱一般使用这本书。工匠能够随意使用他们的工具，但是在实际解决问题时，仅仅会使用他们所需的工具。所以，我们要谨慎地使用 SST 的方法。

发展自己的风格

在作为一名 SST 咨询师实践时，做你自己是非常重要的，不要尝试模仿任何你亲眼所见或者从 DVD 上看到的任何一个领域内著名人物的风格。

培训和督导的重要性

个人认为，鉴于专业心理咨询和心理治疗培训课程通常不涉及 SST，确实需要专门的培训和督导。我强烈反对从业者仅参加一天 SST 工作坊后便开始执业，且未接受经验丰富的SST督导指导的做法。在我看来，学习成为一名有效的SST咨询师，意味着你将学习和发展更高水平的技能。因此，你需要在来访者的允许下，在实际工作中录音或录像并在督导中获得反馈，而不仅仅是你说你做了什么。

从来访者那里获得反馈

尽管获得督导对你的SST工作十分重要，但你可以在会谈结束时或者任何预定的后续会谈中获得来访者的反馈，从而了解更多的有关如何成为一名SST咨询师的内容。借用乔治·凯利（George Kelly）的话："作为一名SST咨询师，如果你想知道你做得怎样，问你的来访者，他们会告诉你。"

让你自己爱上SST

我最后的观点是：让自己沉浸在SST的世界里。这是一个惊喜不断的礼物（J. Young, 2018）。如果你这样做了，然后你可能会发现自己和我一样已经爱上了SST。

温迪·德莱登（Windy Dryden）

目录

Part 1

第一部分 单次咨询的本质和基础

Part 2

第二部分 单次咨询的假设

Part 3

第三部分 单次咨询的增效因素

Part 4

第四部分 单次咨询的标准

129

Part 5

第五部分 让单次咨询有一个好的开端

139

Part 6

第六部分 将咨询中的收获最大化

145

Part 7

第七部分 免预约咨询

Part 8

第八部分 其他形式的单次咨询

Part 9

第九部分 单次咨询常见误区、疑虑与问题

100 KEY POINTS

单次咨询：100 个关键点与技巧

Single-Session Therapy (SST):
100 Key Points and Techniques

Part 1

第一部分

单次咨询的本质和基础

1

什么是单次咨询（SST）

在本书开篇，我会先讨论什么是单次咨询。乍看之下，单次咨询是什么好像显而易见，但就像心理治疗中其他貌似简单的概念一样，其简单的名称背后蕴含着复杂的内容。

Ronseal 表达法

1994 年，一家名为“Ronseal”的生产木材染色剂、涂料和防腐剂的英国公司，设计了这样一个口号来说明自家到底在卖什么产品：“Ronseal，就是罐上说的那样”（Ronseal. It does exactly what it says on the tin.）。没承想这一表达法着实吸引了大众的眼球，以至于在国际上广为传播，乃至今日成了某种程度上的日常用语。那么从 Ronseal 这一表达法回到我们的疑问：“什么是单次咨询？”，照搬套路则为“单次咨询，就是做一次的咨询”。

然而，这种表达法只是看起来简洁明了，但它却回避了很多重要的问题。比如：“这一次咨询由什么构成？”“这个术语是专指那种因为没做好而只做了一次的咨询，还是也包括一开始就只想做一次的咨询？”“SST 是否排斥后续咨询？”海门、斯托克和凯特（Hymmen，Stalker，Cait，2013:61）用他们自己的“Ronseal”定义法对其中一些疑问做了回答，他们认为：

SST 指的是一种有计划的单次干预——它不包括来访者有多次咨询机会但自己只选择做一次的情况。这一次咨询可以是提前预约好的，也可以是由“免预约咨询门诊”（也可称为“即时咨询”“随到随谈式咨询”）随时安排的。提前预约的 SST 是给来访者提供一个明确的日期和时间来做咨询，可以提前几天到一个月不等。而单次的即时咨询门诊则是为临时上门的来访者每周拿出一天或几天的开放时间，使来访者可以在没预约的情况下尽快和咨询师做一次咨询，而不必等待太久。

塔尔蒙（1990）的定义

我将在第二部分中介绍摩西·塔尔蒙（Moshe Talmon）于 1990 年出版的那本 SST 领域的著作，该书的出版是单次咨询发展进程上的重要节点。因此，在这里先讨论一下塔尔蒙本人对 SST 的定义也很重要。他在书中写道：“单次咨询的定义是，治疗师和患者间的一次面对面的会谈，且在一年内没有前序或后续会谈。”

塔尔蒙的定义存在这样几个疑问：

• 和 Ronseal 表达法存在同样的问题，单次咨询的“次（session）”是指什么呢？

• 该定义允许咨询师和来访者可以进行非面对面的其他形式的会谈，但又没说清楚。塔尔蒙（Talmon，1990）曾提到过咨询师和来访者在单次咨询之前的准备工作（或者叫作计划内接触），也提到过单次咨询之后的随访环节，但不管是单次咨询之前的还是之后的工作，这两者都可以通过电话形式完成，从而保持了单次咨询要“面对面”的特质。

• 该定义对于那些通过电话、Skype 之类的平台或网络方式进行的咨询来说，也产生了一个问题。如果必须符合这种面对面的咨询形式，那么能否用 Skype、电话或网络进行 SST 就会有争议。当然我们也应该对塔尔蒙公平一点，因为在 1990 年他写书的时候，Skype 还没被开发出来，网络咨询也是少有人知。当然，自新冠疫情后，很多咨询都已经使用 Zoom（或类似的软件）来进行了，所以要求面对面这条就很多余了。

• 该定义还意味着，如果来访者在一年的间隔时间内有了第二次面对面的会谈，那么这整个咨询就不能叫单次咨询了。

现在我们明白了，这个貌似简单的问题其实相当复杂，能让该领域所有从业者都认同的 SST 定义其实是不存在的。而对于 SST 的本质究竟是什么，我会在下一节里从当下流行的几种处理方式对其展开论述。

对可能仅有一次的咨询报以最大的热情

霍伊特等人（Hoyt et al., 2018b）在文中写到，塔尔蒙给出的咨询前后一年内不得有其他咨询的定义太生硬了，而且这样规定只是为了研究方便。他们指出，塔尔蒙在书中所阐述的研究工作是基于这样一个事实，即很多人就只会参加一次咨询，所以他们就指导咨询师和来访者仿佛在做最后一次咨询那样来做这第一次咨询。在塔尔蒙的著作出版了 28 年之后，霍伊特等人对于单次咨询有如下表述（Hoyt et al., 2018b:18, footnote）：

> SST 来访者在一年内可以咨询不止一次（无论是面对面咨询还是现如今通过电话或网络做的咨询），SST 需要满足的基本要求是，每次咨询都当成仅有的（一次）咨询来做，其本身的咨询流程是完整的。

当然，我们还是要对塔尔蒙公平一点，因为他本人其实也意识到了这点，所以才在自己书名的后面有个副标题是“将第一次（且通常只有一次）治疗性晤谈的效果最大化”。

从一开始像 Ronseal 表达法那样将单次咨询的定义局限为只有一次的咨询，到后来对单次咨询更加多元化的定位，即单次咨询可以只做一次，也可以做多次。韦尔等人（Weir et al., 2008:12）对单次咨询的这一变迁做了总结，他们是这样表述SST的：

> 它并非“一次性”的咨询，它更像是一种结构化的首次咨询，力图将来访者首次治疗性晤谈的效果最大化。虽然抱持着继续工作的可能性，但也能理解这次咨询可能成为来访者参加的唯一一次预约咨询。

SST的矛盾本质

上面提到SST多元化的定位，其实也揭示出单次咨询所具有的矛盾本质，来访者越是知道自己有更多后续咨询的机会，反而越有可能做成SST。因此，相比来访者自己缺乏掌控和决定的情况而言，如果来访者有一种自己能掌控做多少次咨询的感觉，那他们反而更有可能对一场单次咨询感到满意。正如霍伊特（Hoyt, 2018:157）所言：

> 物极必反，慧极必伤，强极必辱。所以我认为，不是要求来访者做成单次咨询，而是向来访者提供单次咨询服务并邀请其参与进来，这点很重要。在我们的SST研究中，我们会很小心地提到“有可能这一次咨询对你已经足够了”，我们还会和来访者说“这第一次咨询在什么情况下也可以成为我们的最后一次咨询”。

约一做一式咨询（One-at-a-time therapy）

有些咨询机构——特别是在英国高等教育中的咨询机构——会提供霍伊特（Hoyt，2011）所说的那种约一做一式咨询（OAATT）。该术语指的是这样一种咨询理念——一次只进行一场接触并且一场接触可能就是所需要的全部了。虽然不同的机构实施OAATT的方式各有不同，但都是以排斥“一系列咨询或者持续性咨询”这种服务方式为特点的。实际上，在有些服务中，引入OAATT就意味着抵消其他形式的咨询服务了。一些机构允许来访者想约几次都行，但也只是让其“一次只约一场咨询”，且通常会规定在两场咨询之间要间隔一段时间（比如两周）。还有的机构对来访者在一年内能做的 OAATT 次数规定了上限。

我对 SST 和加一次咨询的定义

我对于“单次咨询”[1]和“约一做一式咨询”这两个术语都持保留态度。尽管我在针对 SST 的工作坊上强调过很多次 SST 并不排除来访者如果有需要就可以做更多次咨询，但是“单次咨询”这个词总给人留下一种刻板印象，即 SST 就是一次性咨询且只能做一次。“约一做一”这个术语则意味着，尽管咨询师和来访者会在每一场这样的咨询中都致力于帮助来访者实现自己所表达的需求，但如果来访者想要更多帮助那也是可行的，不过每次就只能约一场。而 OAATT 则是有问题的，因为这意味着即使咨访双方都认为来访者能从持续的咨询中受益，也不能连续预约，哪怕这样做是可行的。

基于这些原因，我把自己的工作称为“加一次咨询”（ONEplus therapy）。“一次”这个词再次明确表示了咨访双方都决定在一次咨询中共同努力帮助来访者实现其所表达的诉求。一次要大写，以表明在一次咨询中致力于帮助来访者是咨访双方都希望发生的事情。“加”这个词则明确表示了，如果需要，可以为来访者提供更多帮助。然而，与约一做一式咨询不同，加一次咨询对于额外采取帮助的形式没有任何限制。如果有需要，那来访者可以获得咨询师或机构提供的任何咨询模式。

尽管我个人更喜欢“加一次”这个术语，但我会在本书中沿用单次咨询这个术语，因为这是习惯用法。我对单次咨询[2]的定义是：

---

[1] 尽管我对单次咨询这一术语持保留态度，但在写作时还是沿用了这个词，因为这种说法现在已经约定俗成了。

[2] 该定义同样适用于加一次咨询。

一次有目标的努力，咨询师和来访者约定好一起合作，旨在从一场咨询中帮到来访者，并且来访者知晓如有需要是可以获得更多帮助的。

该定义的要素如下：

• 合作是约定好的。咨访双方对咨询过程都是知情同意的。他们对 SST 的本质以及单次咨询能做的和不能做的都已了解。

• SST 的目的是帮助来访者，如果有可能的话，要在一次咨询过程里实现其诉求（stated wants）。虽然 SST 的结果是减少咨询排队的人并且缩短预约等待的时间，但这并不是 SST 的目的，其目的如上所述。

• SST 并非来访者获得帮助的阻碍，这些帮助是由来访者自己与咨询师协商确定的。如果来访者想要获取不同模式的咨询服务，并且实务工作者或者机构也提供该服务，那么双方就可以这样进行。不过，他们需要知道等多长时间可以获得这样的帮助。

• 因此，SST 的咨询师要努力整合两个看似不同的焦点。咨询师实际上是在对来访者说："让我们共同努力，看看我们能否帮你在一次咨询里实现你的诉求。不过如果你想的话，也能获得进一步的帮助。"

SST 努力为来访者提供所需的帮助：对于那些更想要一次搞定的人，如果可能，那就只做一次咨询，而对于那些想求助更多的人则提供更多帮助。在我们的工作领域里，第一种情况的来访者并没有获得充分的服务。SST 致力于提供来访者所需要的服务，而不是给予他们不想要的更多的帮助。

2

SST 的历史沿革

虽然不太可能精准地描述出 SST 是如何诞生的，但是通过回顾其成长历程中的关键性成果，我们还是可以来捋一下 SST 的发展脉络。前面说过摩西·塔尔蒙在 1990 年出版了开创性著作《单次咨询：将第一次（且通常只有一次）治疗性晤谈的效果最大化》［*Single Session Therapy*：*Maximising the Effect of the First*（*and Often Only*）*Therapeutic Encounter*］，这本书固然称得上是 SST 发展中的重要历史事件，但我接下来要讲的内容可说是为它如今的大为流行开辟了道路。

西格蒙德·弗洛伊德（Sigmund Freud）的若干单次咨询个案

精神分析流派通常都是长程咨询，但西格蒙德·弗洛伊德作为该流派的创始人确实做过两个单次咨询个案，这些个案为我们展示出短期内可以达到怎样的咨询效果。

弗洛伊德与奥里莉亚（Aurelia，化名凯塔琳娜“Kathrina”）的单次咨询（个案）

奥里莉亚（Aurelia）18 岁，是一旅馆老板的女儿，曾经在 1893 年弗洛伊德去奥地利拉克斯山脉（Rax mountain）度假时和他做过一次非正式的咨询。她向弗洛伊德抱怨自己有一种快要窒息的感觉，总能看到一张恐怖的脸，这些感觉是在她目睹了自己姑父❶和一名女佣偷情之后开始的。弗洛伊德帮奥里莉亚追溯到这些感觉其实还与更早以前发生的事情有关，原来她的“姑父”之前曾试图对奥里莉亚本人进行猥亵，并在失手之后表现出了对她的愤怒。由于弗洛伊德帮助奥里莉亚在这一次咨询中理解了自己的感觉从何而来，她的焦虑症状后来就消失了。

弗洛伊德与古斯塔夫·马勒（Gustav Mahler）的单次咨询

马勒在知道弗洛伊德正在度假的情况下，仍然要求和弗洛伊德做咨询。有意思的是，马勒先是错过了几次预约，然后又抓住了最后一次见弗洛伊德的机会。那是在 1910 年 8 月 26 日的荷兰莱顿市，就在弗洛伊德启程前往西西里岛之前，马勒终于在荷兰大学城见到弗洛伊德，接受了一次 4 个小时的“散步式咨询”（walking consultation）。库恩（Kuehn，1965:358）在一篇关于这次“治疗”的论文中这样写道：“弗洛伊德的诊断和宽慰似乎对他很有帮助，至少在后来的 8 个月时间里没听说他又出现问题❷。”

艾尔弗雷德·阿德勒（Alfred Adler）单次咨询的演示

第一次世界大战后，阿德勒作为弗洛伊德的前弟子以及后来为人所知的“个体心理学”创始人，于 1922 年在维也纳的公立学校里建立了很多儿童指导门诊（child guidance clinics）。在那些门诊部里，阿德勒会为家长和孩子们举办咨询的公开演示，有时家长和孩子一起做咨询，有时分开做，观众中既有专业人员，也有业余的门外汉。这些单次咨询的公开演示对现场参与者既有治疗的作用，也有教育的价值，并且对艾伯特·埃利斯（Albert Ellis）产生了影响，促使其在 1965 年创立了热门节目——“每日问题现场”，后来更是发展成为大众熟知的“周五之夜工作坊”。

---

❶ 案例中奥里莉亚的所谓“姑父”其实是她的爸爸。

❷ 之前的问题是指无法与妻子发生关系。

艾伯特·埃利斯的周五之夜工作坊

艾伯特的工作坊节目开播于 1965 年，一直播出到 2005 年[1][2]。艾伯特·埃利斯会在观众中选两位有情绪困扰需要帮忙且愿意到台上来讨论的志愿者，他先对志愿者采访 30 分钟左右，然后邀请观众向自己和志愿者提问，并注意观察整个咨询过程，节目组会给志愿者一盘本次访谈环节的录像带以帮助他们事后可以自己回顾。埃利斯和约菲（Ellis & Joffe，2002）发现绝大部分志愿者都认为这种单次访谈的体验对自己是有帮助的，很多人甚至会从观众的点评中获益良多。

我本人被埃利斯的工作所触动，也做了超过 700 个单次咨询的个案，我称之为“极短程治疗性会谈”（Very Brief Therapeutic Conversations）（Dryden，2018a）。

米尔顿·艾瑞克森的单次咨询

米尔顿·艾瑞克森（Milton Erickson）被认为是现代催眠疗法之父，也是最富创造性的心理治疗师之一。在所有已知的艾瑞克森的咨询个案中（O’Hanlon & Hexum，1990），单次咨询是最常见的，因此也可以说，他对单次咨询的发展有着突出贡献。艾瑞克森做过的最著名的单次咨询个案可能就是下面这例了。

米尔顿·艾瑞克森与“非洲紫罗兰女王”的单次咨询

一名 60 多岁的老妇人郁郁寡欢，回避社交，终日以轮椅为伴，她的侄子找到艾瑞克森，让他来家里看看自己的姑姑。登门拜访的过程中，艾瑞克森注意到她会从

---

❶ 现在该工作坊更名为大家熟知的“周五夜现场”（Friday Night Live），艾伯特·埃利斯研究所仍在举办，并沿用了节目的最初形式。

❷ 截至本书写作时间 2022 年 12 月。

自己养的非洲紫罗兰上剪下花枝移植新盆，并对自己的花艺栽培引以为豪。艾瑞克森运用自己观察到的这个细节来帮助她，他鼓励这名老妇人做点自己以前没做过的、同时又符合她所信奉的基督教教义的事情。他建议老妇人首先去留意自己所在教区的教堂公告栏，那上面经常会写着哪些人刚刚经历了人生中的重大事件（比如，新生儿出生、有人去世或结婚），然后给那些人送去一小盆自家种植的非洲紫罗兰以表示自己对他们的慰问、欢欣或祝贺。老妇人坚持照办之后发现自己的生活恢复了生机并且重新建立了与他人的联结，甚至在她去世之后，她还被很多人缅怀为“密尔沃基（Milwaukee）教区的非洲紫罗兰女王”。

三种心理治疗取向（格洛丽亚，Gloria）

埃弗雷特·斯特罗姆（Everett Shostrom）是位知名的美国心理治疗师，他在 1965 年拍摄了一系列心理治疗的录影带，用来展示一名叫格洛丽亚（Gloria）的患者分别与三位受训于不同心理治疗体系的治疗师做咨询的场景。他们是：卡尔·罗杰斯（Carl Rogers）（以人为中心疗法的创始人）、弗里茨·皮尔斯（Fritz Perls）（格式塔疗法的创始人）和艾伯特·埃利斯（Albert Ellis）（理性情绪行为疗法的创始人）。这些咨询都只做了 30 分钟，甚至更短。虽然没有将其作为单次咨询的示例来加以宣扬，但准确地讲，这些咨询正是单次咨询，而且其中的每次咨询都清楚地展示了一次极短程治疗性会谈可以带给人们怎样的收获。《格洛丽亚三部曲》（影片的通俗叫法）也由此在 SST 的发展史中拥有了一席之地。

戴维·马伦的单次动力学访谈

戴维·马伦（David Malan）和他在伦敦塔维斯托克诊所（Tavistock Clinic）的同事们在 1975 年报告了一项研究，参与该研究的 11 位患者在参加了心理咨询的初始访谈后，因为这样那样的原因没有做成后续咨询。所以从实际结果来看，这 11

位患者就相当于进行了单次的治疗性晤谈，而且相比症状上的改变，这次晤谈更多的是引起了患者动力性的改变，马伦等人将之称为“明显的真正的改善”。马伦等人曾经在 1968 年还报告过另外一组 13 名患者也接受了一次初始访谈，结果显示这次访谈也同样引起了患者的改变，只不过这组研究报告的是症状性改变，而不是动力性的。将马伦在 1968 年和 1975 年的这两组数据一起来看，就会发现，人们本来是想通过一次初始访谈看看自己是否适合动力学的心理治疗，结果却从这短短一次的过程中体验到了本该经过动力学长期咨询后才能体验到的一系列效果。然而马伦的这些发现非但没有受到欢迎，反而在心理动力治疗领域引起了一阵恐慌，因为它挑战了动力学心理治疗的宝贵理念。

伯纳德 · 布卢姆基于心理动力学的单次咨询方法

布卢姆（Bernard Bloom，1981）是最先向来访者提供连贯的、以 SST 方法为主的咨询师之一。他的方法是基于心理动力学的治疗，疗程 60 ~ 80 分钟不等（Bloom,1992）。与后来运用单次咨询的大多数流派一样，布卢姆也会向他的 SST 来访者强调，如果他们需要，是可以有更多次咨询的。在布卢姆的早期著作中，他（Bloom，1981）列出了一些治疗因素，概括了他以 SST 为主要方法的咨询特点，这些因素是：

- 明确一个聚焦的问题；
- 不要低估来访者的优势；
- 主动中带着谨慎；
- 探索，然后小心翼翼地提出解释；
- 鼓励情感的表达；
- 从访谈环节就开启问题解决流程；
- 注意掌控时间；

• 野心不要太大；

• 尽量少问事实问题；

• 不要过分关注诱发事件；

• 避免弯路迂回；

• 不要高估来访者的自我意识（即不要忽略对显而易见的事进行陈述）。

在布卢姆后来的著作中，他（Bloom，1992）又增加了如下原则：

• 帮助来访者调动社会性支持；

• 当来访者缺乏相应信息时，要对其开展教育；

• 制订一个随访计划。

英雄所见略同，在布卢姆提出的这些原则里，很多条也都在其他人总结 SST 时出现过。

摩西·塔尔蒙的开创性单次咨询

正如本部分开头所述，摩西·塔尔蒙开创性著作的出版是 SST 发展的重要节点。在书中，塔尔蒙讲到了 20 世纪 80 年代中期，自己在加州凯撒医疗中心（Kaiser Permanente Medical Centre）工作时，发现有相当一部分家庭治疗的来访者并没有回来继续第二次咨询，尽管中心为他们提供了第二次咨询机会（这意味着他们的单次咨询经常是计划外的）。塔尔蒙没有像通常那样去解释这种咨询中的普遍现象（比如“他们脱落了，发生这种事很正常”“是他们自己没准备好要改变”），恰恰相反，塔尔蒙做了件很不寻常的事情。他联络了 200 个个案，都是只在自己这里做了一次咨询的案主，想从他们身上找到是什么原因使得他们只参加了一次咨询就不来了。令他惊讶的是，“在我电话联系的这 200 位来访者中竟然有 78% 的人说自己已经从这一次咨询中得到了自己想要的，并且对于当初来求助治疗的那个问题也感觉更好或不那么糟了”（Talmon, 1990:9）。这一发现促使摩西·塔尔蒙与自己在凯撒医疗中心的两位同事组建了一个团队，他们是迈克尔·霍伊特（Michael Hoyt）和罗伯特·罗森鲍姆（Robert Rosenbaum），两人都是主要做个体咨询的。很快三个人就获得了一笔研究基金用于研究计划内 SST 的疗效（而不再是计划外的 SST），这也是在单次咨询方法上最初的研究之一。

霍伊特、罗森鲍姆和塔尔蒙的单次咨询研究

在霍伊特等人（Hoyt et al., 1992）的这项研究中，来访者在一开始被告知，他们的咨询师想试试能否只用这一次咨询就帮到他们，但如果来访者需要，那也可以进行更多次咨询。结果显示：a. 在 58 位来访者中有超过一半的个案（58.6%）选择了只做一次咨询；b. 超过 88% 的个案报告自己之前求助的问题有了明显改善；c. 超过 65% 的个案报告自己在问题以外的其他方面也得到了改善；d. 选择只做一次咨询的来访者和选择做更多次咨询的来访者在咨询结果与满意度上没有显著差异。

阿诺德·斯里和蒙特·博贝勒的免预约咨询

在塔尔蒙（Talmon, 1990）的开创性著作发表了 21 年后，斯里和博贝勒（Slive & Bobele, 2011a）出版了一本免预约咨询（walk-in therapy）的教材，名字叫《当你只有 1 小时：对免预约来访者的有效咨询》（*When One Hour is All You Have: Effective Therapy for Walk-in Clients*）。有趣的是，尽管早在 1969 年的明尼苏达州就可以查到免预约咨询的记录，但在塔尔蒙（Talmon, 1990）的这本书里却只字未提。斯里和博贝勒这本著作的出版使得治疗版图上补齐了免预约[1]咨

[1] 最近，“免预约”（walk-in）一词因为将那些无法走路的人排除在外而广受诟病，所以“开放式咨询”（open-access therapy）这一术语正在被推广开来。（Slive，个人交流，2022 年 9 月 27 日）

询这一块，为后续 SST 的发展奠定了理论基础。

顾名思义，当一个人或一个群体临时有想法而走进了一家心理服务机构，想要找心理咨询师，并且几乎是立刻就能和咨询师开始工作，这种情况下发生的咨询就叫免预约咨询。这是一种想要在来访者体验到自己有“求助需求”时，满足来访者当下“需求”的咨询，并且能将咨询前的初始准备最小化，假如真有初始准备的话。在斯里和博贝勒的书中，前四章概述了免预约咨询的设置和进行，后面则写了在北美各地开展的六个免预约咨询案例。

“抓住片刻”国际会议

在 21 世纪的第 2 个 10 年，SST 和即时咨询的发展势头越来越猛，三次国际性会议的召开见证了这一点。第一次会议名为“抓住片刻”（Capturing the Moment），于 2012 年在澳大利亚维多利亚召开，由墨尔本的拉筹伯大学（La Trobe University）包法利中心（Bouvorie Centre）主办。“第二届抓住片刻”（Capturing the Moment 2）于 2015 年在加拿大班夫（Banff）召开，由卡尔加里的伍德之家（Wood’s Homes,Calgary）主办。第三次会议“单次思维：全球共进一步”（Single-Session thinking: Going Global One Step at a Time），再次于 2019 年在澳大利亚的维多利亚召开，也是由包法利中心主办的。

这些研讨会都有汇编书籍（Hoyt & Talmon，2014a；Hoyt et al.，2018a；Hoyt，Young & Rycroft，2021），分别就国际背景下如火如荼的 SST 和免预约咨询进行了详细介绍。话说回来，考虑到 SST 和免预约咨询服务在澳大利亚和加拿大得以被特别推广，所以三次国际会议都在这两个国家主办真是再合适不过了。

3

SST 不是什么

从 SST 不是什么这个角度来思考，也可以帮助我们理解它的本质，所以本关键点就从这个角度切入来看看。

SST 不是一个治疗模型

意识到 SST 并非一种治疗模型是很重要的。事实上，正如霍伊特等人（Hoyt et al.，2018）所言，对 SST 来说不存在某一种流派，恰恰相反，SST 可以为各流派所用，所以我们最好是把单次咨询看作一种提供咨询服务的方式，而不是像认知行为疗法（CBT）或艾瑞克森式咨询（Ericksonian therapy）那样的咨询流派或模型。

SST 不是解决一切问题的答案

当人们第一次被 SST 打动时，很容易认为它是解决一切问题的答案。事实绝非如此。在各种心理服务中，单次咨询确实值得拥有一席之地，但最好把它看作是和提供心理治疗服务的其他方式并肩而战，而不是它要取代其他方式。

SST 不是权宜之计

在心理治疗领域，“权宜之计”这个词经常被轻蔑地用来描述一种对解决问题无效的临时性应对方法。言外之意就是问题并没有得到解决，只是打了个补丁，一旦临时方案失败，问题还会存在。另一个用来形容 SST 的贬义短语类似于“在伤口上贴个胶布”。其潜台词还是在说，如果不能妥善处理伤口，胶布也管用不了多久。

借用后一个伤口的比喻来看，当 SST 管用时，这块胶布确实是对伤口进行的有效处置，因为它帮助伤口接下来得以顺利愈合。事实上，我是把 SST 看作一种助人摆脱困境的方式，它通过鼓励人们找到一条建设性的前进道路，并通过这条大道，最终解决自己的问题。

SST 不是因为省钱才更好

有人认为 SST 是一种很有吸引力的干预方式，原因在于可以省钱。虽然省钱也确实是事实，但省钱并不是提供这种治疗性服务的主要原因。其更重要的原因在于，SST 满足了很多来访者的需求，因为“一次”其实是人们咨询次数统计中出现最多的咨询频次（详见第 6 个关键点），而且 SST 一开始的目标就是鼓励人们即刻开始自我帮助。

SST 不是限制做咨询的次数

正如第 1 个关键点所讨论的，SST 咨询师会尽力在一次咨询环节里帮到他们的来访者，但如果其中有些来访者需要更多次咨询，那也可以继续做咨询。单次咨询对于咨询次数并不设限。相反，常常是来访者自己选择了只做一次咨询，而单次咨询会支持来访者从中获得最大收益。

SST 不是把五次、十次或更多次的咨询压缩为一次

有些人以为 SST 就像是“加速的咨询”，在这个加速的过程中咨询师要把许多次的咨询都挤压在一次里。事实不是这样的，实际上，如果一名咨询师真的企图这

样去做，反而会使 SST 无效。越是想让来访者从自己的咨询室带走尽可能多的东西，越是发现来访者往往什么都带不走。因为太多“治疗性货物”让他们处于超载状态，以至于最终变得迷迷糊糊，困惑茫然，反而记不住咨询中的有效部分。正如我在后面第 10 个关键点要讨论的，在 SST 中，“往往少即是多”，因为单次咨询的目标是帮助人们从一次咨询过程中获得最大收益，而不是为其提供的多次咨询被硬塞进一次咨询里而带来支离破碎般的体验。

SST 与危机干预不一样

虽然一次咨询可以帮助人们应对危机，但 SST 与危机干预并不是一回事。因此，SST 对一个处在危机中的个体未必管用。

SST 既要短程又要聚焦所以很难

SST 是种非常短程和聚焦的干预形式，所以人们很容易误解，觉得它挺容易。但我认为恰恰相反，正因为它短程和聚焦的特质，才使得它其实很难操作，SST 咨询师其实更需要高段位的咨询技巧。

SST 并非适合每个人

尽管 SST 可以非常高效，但也不是每个人都适合。有些来访者本来就想要做持续性的咨询，所以即使告诉他们后续还能安排更多咨询，但他们仍然对一次咨询效果反馈不佳。这类来访者是想要和咨询师建立一种持续性的咨询关系从而获得安全感，对于这类人的临床偏好，我们应该予以尊重。同时，SST 也并非适合所有咨询师。有些咨询师喜欢把时间花在侧重于评估和干预的治疗性工作上，也因为时间成本太高，他们不想在单次咨询的实践上投入太多（Dryden，

2016）。而 CBT 咨询师因为相信干预只有建立在谨慎的个案概念化基础之上才会有意义，所以很难仓促干预，尤其是很难用 SST 来完成。所以，SST 不应强加在非自愿的咨询师身上，也不应强加在非自愿的来访者身上。最好的做法是来访者能够看到其中的潜在效果，而咨询师也愿意挑战自己，去用尽可能短的时间帮助来访者。

4

萍水相逢也可疗愈人心

单次咨询的预设理念是，哪怕某人只是与他人短暂相逢，也有可能产生治疗性的改变。如果这种改变在正式咨询场景中能发生且已发生，那在非正式咨询场合中同样也能发生，甚至包括两个人的偶然邂逅。如果要举一个两人偶然邂逅的例子，就要给大家提到所谓的 “火车上的陌生人现象”（Rubin,1973）。话说乘客 A 在一次长途火车上遇到了乘客 B，我们暂且把 A 叫作加文（Gavin），把 B 叫作菲利普（Philip）。虽然加文明知自己以后可能再也不会遇到对方了，但因为菲利普对待加文的态度真挚而关心，所以他还是和对方敞开心扉说出了自己生活中的烦恼。人们通常都会在这种情境中通过与他人交谈的形式而获益，就像加文与菲利普的交谈。这种获益是有很多原因的。第一，他们发现对那些真诚关心自己的人敞开心扉可以疗愈自己。第二，在与对方交谈的过程中，他们可能会看到自己以前没看到的问题解决方案。第三，在谈话的过程中，对方说了一些他们觉得有用并且自己之后能去实现的东西。最后，所有这些因素交互在一起可能也起了作用。

尽管上面这个例子只说明了人能通过与他人短暂的直接接触得到疗愈，然而下面分享的这个例子则告诉我们，即使是短暂的间接接触也会有疗愈作用。这是一件发生在我身上的事儿。我说话一直有点口吃，在我年轻的时候尤其严重。由于口吃问题，我那时候不太敢在大家面前说话，至少我认为是这样的。有一天，我正在听收音机里采访迈克尔·本廷（Michael Bentine）的节目，迈克尔·本廷是一位当时很有名的喜剧演员。他在采访中提到自己年轻时也有严重的口吃，尽管如此，他还是做到了在公众面前讲话，因为他改变了自己看待口吃的态度："我越在意口吃，我就越会口吃，这样可太糟了！"这句话在当时引起了我的共鸣，于是我下定决心，不再刻意回避自己打磕巴的那些词语，在人前说话时不断练习，以此让自己也培养出这种对待口吃的态度。这方法对我很有用，练习了一段时间后，我就可以在众人面前讲话而不再感到焦虑了。虽然我还是会有口吃，但是我打磕巴的地方相比以前已经大大减少了。收音机里和口吃相关的这部分采访只持续了大概 5 分钟，但我却在那 5 分钟里对迈克尔・本廷讲到的抗焦虑态度产生了强烈的共鸣，在后来用这种态度克服口吃方面可谓是受益长远。

如果个体只能在长程咨询后才发生改变，那么 SST 就不会存在了。一个短暂的，甚至是极短时间里向他人袒露心扉的举动都可能带来个体的改变，无论对方是用直接的还是间接的形式帮到了我们，这是事实，而这一事实说明了 SST 同样也有可能引发改变。

发生在 SST 中的治疗性变化，很少是那种惊天动地的［Miller & C'de Baca，2001，将其称为"量子变革"（quantum change）］，反而经常是润物细无声式的，不过，向前迈出一小步可以帮助人们看到都有哪些可能，并给人希望，即通过持续的小步向前，是可以发生有意义的改变的。

5

治疗长度的可扩充性

治疗需要的时长正好是分配给它的时间。如果咨询师和来访者都希望改变在此刻发生，即便咨询只有一次，那改变也会发生。

——塔尔蒙（Talmon, 1993: 135）

我最近参与了一项咨询机构扩容接待量的工作，具体内容是帮助英国一所大学的学生辅导机构采用 SST 的方法接待更多学生。该机构原本打算对所有学生都提供 12 次的辅导，结果每个来访者都想要把自己这 12 次辅导全做完，因为他们觉得这是自己应有的权益，最后就导致了想做心理辅导的学生大排长龙。经过一番讨论后，服务机构把对大学生提供心理辅导的次数减为 6 次。一开始当然有人对咨询次数被删减而不满，但是随着新一波乐意做 6 次辅导的学生越来越多，事态就慢慢平息下去了。尽管新政策已经大大减少了原来“12 次限制”时的等候名单，但想咨询的学生仍然要排长队等待初始访谈的预约。

于是机构大胆采用单次咨询的形式为学生们服务。即先给想咨询的学生提供一次咨询，如果这一次满足了学生需求，那么咨询就到这结束，如果这一次咨询不够，再给学生预约另外一次咨询。和之前一样，已经习惯了 6 次辅导的学生又开始抱怨，可是情况也再次随着新一波乐意只做 1 次辅导的学生加入进来而慢慢好转，这样一来，服务机构就能把等候名单缩减到最少，而对于那些急需做心理辅导的大学生也几乎可以立刻得到满足了。

通过上面这种方式，这所大学的心理辅导机构转变了咨询设置，从原本给学生提供 12 次辅导，但是每个同学都要等很久，转变为在学生需要服务时，每次先为学生提供 1 次辅导。一旦大学生了解到这种单次咨询的设置可以让他们在需要辅导的时候马上就能预约上，大家就很愿意接受这种新的、以单次服务为基础的设置了。

这件事告诉我们，咨询到底需要多少次，这是与我们最初的期待有关的，这被称为“心理治疗的帕金森定律”（Appelbaum,1975）。当上面这所大学的学生们被告知他们每个人都会接受 12 次咨询时，咨询往往就会持续 12 次之久。而后来他们又被告知会接受 6 次咨询时，咨询又往往会持续到第 6 次。现在他们被告知，在他们需要咨询的时候，会先做一次，后面可以预约更多次，但每次预约也只能先约一次，然后我们发现大多数个案真的就只需要做一次。

这表明了建构来访者对治疗长度的期望有多么重要。当来访者希望只做一次咨询时，这其实是咨询师与来访者利用这一次咨询实现目标的好机会。

6

国际公认大多数咨询只有 1 次，且大多数做过单次咨询的人都表示满意

心理咨询与心理治疗的大多数培训方案都基于这样的前提，即心理治疗的过程包括开始、中间、结束，并且这一过程随时间推移而延长。这一前提背后的假设就是咨询肯定会持续不止一次。事实上，在我自己以往受训的课程里，甚至根本都没讲过 SST。

国际公认大多数咨询只有 1 次

虽然我们很清楚好多咨询师与来访者的咨询肯定不止一次，甚至有的咨询一做就是数年，但在统计学意义上，咨询次数的众数是 1，也就是，人们做咨询的次数大多数情况下只有 1 次。

摩西·塔尔蒙（Talmon，1990）在加州凯撒医疗中心工作时发现，情况就是这样。他当时检验了个体咨询师的工作实践模式，结果发现就每一位咨询师单独而言，他们咨询长度的众数是 1，而且在 1983 ~ 1988 年这 5 年间的统计结果全都一致。塔尔蒙（Talmon，1990）还在整理文献时发现其他同行也有相同的发现。

这种单次的咨询模式是全世界的普遍情况。比如，扬（J. Young，2018）引用了澳大利亚维多利亚公共事业服务部（Victoria Department of Human Services）的数据，在 2002 ~ 2005 年这 3 年间的来访者记录显示，在社区健康辅导中心的

115206 位来访者中，42% 的来访者只做了 1 次咨询，18% 的来访者做了 2 次咨询，10% 的来访者做了 3 次咨询，并且这些百分比数据在这 3 年间几乎完全一样。

大多数做过单次咨询的人都表示满意

既然大多数来访者做心理咨询的次数可能就只有 1 次，那他们对于自己所做的这一次咨询满意吗？关于这一点我们其实在第 2 个关键点里讨论过，有充分的证据显示来访者对 SST 是满意的。还记得塔尔蒙（Talmon，1990）曾报告过的一项研究吗？他自己咨询的 200 位来访者中有 78% 的人对于和他做的这次单次咨询是满意的。还有霍伊特等人的样本也是如此，在 58 位来访者中，超过 88% 的人报告自己在求助的问题上有了明显改善，超过 65% 的人报告自己在问题以外的其他方面也有了改善。

现在，我们假设塔尔蒙、霍伊特和罗森鲍姆三位都是有专业能力的咨询师，并且都对 SST 情有独钟，那么来访者报告的满意度水平可能是由这些变量造成的。事实上，西蒙等人（Simon et al.，2012）在对"哪些来访者会回来再次咨询"的研究中发现，单次咨询的来访者要么咨询结果最好，要么咨询结果最糟。其中，取得最好结果的 SST 来访者对咨询满意度最高，并报告自己与咨询师之间建立了很好的工作同盟。与此相反，结果最糟的 SST 来访者，其满意度最低，其与咨询师的工作同盟也不尽如人意。综合来看，本章所列举的这些研究成果显示，既然来访者大多都对 SST 表示满意，那么这种满意就不是个例，而是普遍现象了。

现在我们了解了，咨询频次的众数是 1，而且来访者也往往乐于做单次咨询，但如果咨询师本身并没有为提供 SST 服务做好充分准备，那我们仍然会面临一道难以逾越的屏障，这道屏障就横亘在中间，一边是来访者想要探寻的（根据来访者的行为可知），一边是咨询师为来访者提供的。正如我在第 1 个关键点中说过的，尽管 SST 已经有了长足发展，但其面向基层一线的培训课程少之又少，所以我们既需要加强对心理咨询师运用 SST 的培训，也需要服务机构增加对 SST 这项服务内容的提供。

7

咨询师很难精准预测来访者会做几次咨询

你可能以为，随着心理治疗领域中各种量表和测量工具的发展，再加上我们对心理治疗有效性的了然于胸，我们就可以准确预测来访者可能会做几次咨询了。如果我们真的能这样神通广大，那我们就能把来访者转介给最合适的咨询师了，从而使其享有最合适的治疗长度，确保其毫无风险地接受最合适“剂量”的心理咨询，同时稀缺的心理咨询资源也可以被合理分配了。然而很遗憾，事实上我们想要精准预测来访者会做几次咨询的企图从未成功过（Quick,2012）。举例来说，你可能已经全面评估了困扰某位来访者的问题和应对技巧，你甚至还知道来访者对治疗长度的偏好，从而得出结论，认为该来访者做到 12 次咨询，效果是最好的，但事实可能就是这位来访者最终只会来做一次咨询。

如此一来，咨询师最好能在开展咨询的过程里时刻提醒自己这一点，抱着可能只有这一次咨询的念头去工作。这并非意味着咨询真的只做一次，而是希望咨询师可以用“仿佛只有一次咨询机会”这样的工作理念来开展咨询，毕竟早就有研究文献（可回顾第 6 个关键点）指出过，最可能发生的情况就是只做一次咨询。

8

什么是“脱落”

传统意义上，当有迹象表明，我们的来访者没有来做第二次咨询或者不再续约后面的咨询时，该来访者就被认为是从治疗中“脱落”（drop-out）了。“脱落”这个心理学术语通常会被消极解读。在临床医生的心目中，来访者出现脱落，可能是在以下三个要素中的一个或数个要素上存在过失。第一，过失可能来自来访者（比如：“该来访者没有做好改变的准备”）；第二，过失可能来自咨询师（比如：“该咨询师没有很好地理解来访者”）；第三，过失可能来自治疗关系（比如：“咨访之间的治疗同盟没有建立好”）。除了“脱落”一词，还有其他的专业术语［比如：“咨询损耗”（psychotherapy attrition）、“咨询过早结束”（premature termination）、“咨询中止”（psychotherapy discontinuation）、来访者“单方面结束”（unilateral termination）］也都是从消极的角度来描述这种现象的。

我在第 2 个关键点讲到过塔尔蒙（Talmon，1990）的研究，结果显示在 200 位只和他做过一次咨询的来访者中，78% 的人都表示自己已经从这一次咨询中获得了帮助，不需要更多治疗了。塔尔蒙的研究结果正是对“咨询脱落即治疗失败”这种普遍观念的有力质疑。不但质疑，他还提出，一旦来访者决定自己不用再治疗了，这恰恰说明了某些积极的东西产生了。如此一来，我们再把这种现象看作来访者脱落就没道理了，因为来访者已经从治疗中得到了自己想要的。

我认为在心理咨询领域不应该使用“脱落”一词，因为这个词含有偏见，并且带有主观判断。这个词常被用来暗示，那些来访者虽然自主选择了不再做第二次咨询，但是他们决定结束咨询的时间早于咨询师认为他们应该结束的时间。相比而言，我更建议当来访者没回来做第二次咨询时，我们应该相信自己并不知道这意味着什么。这种情况既可以意味着来访者没发现咨询对自己有帮助，于是决定不再做这种无用功。然而这种情况同样也可能意味着来访者发现了咨询对自己有帮助，所以觉得不用再来了，因为自己已经不再需要进一步求助了。我在第 6 个关键点中提到的西蒙等人（Simon et al.，2012）的研究结果确实显示出，后面这种积极的推测其实更准确。尽管他们的论文标题也使用了脱落这个词——“第一次咨询后即脱落就是糟糕的结果吗？”

综上所述，如果来访者没有回来做第二次咨询，这远不能说明咨询结果糟糕。这也可能说明咨询结果挺好的，这一结论是斯卡马尔多、博贝勒和比弗（Scamardo，Bobele & Biever，2004）从来访者角度对自行终止咨询（self-termination）开展研究后得出的。至于来访者不再继续咨询，到底意味着什么，还需要我们进一步调研。

9

贯穿生命全程的间歇式心理治疗

假如你生病了，你会去看自己的全科医生，医生会帮你诊断病情开药治疗，如果医生无法给你确诊，那就会送你去做进一步的检查。不管医生如何处置，目标都是为了让你恢复到生病之前的身体状态。大多数情况下，你都只会和全科医生问诊一次，然后等到下次生病就再去看医生。这种模式就好比是你在和自己的全科医生做间歇式问诊。

尼古拉斯·卡明斯曾提出过与这个医学模式相似的心理健康领域的模式（Cummings，1990；Cummings & Sayama，1995）。卡明斯并不建议人们接受那些长程且耗时的心理咨询，相反，他主张大家应该只在遇到问题时才去找咨询师，并且一旦问题得到解决就结束咨询，如果以后又遇到其他问题困扰时，就再回来找咨询师做咨询，这个过程应该持续整个人生。卡明斯把这个模式叫作“贯穿生命全程的短程间歇式心理治疗”（brief intermittent psychotherapy throughout the life cycle）。

上面对比的医疗背景和心理咨询背景，二者最大的区别在于，心理咨询中的来访者可以学习成为自己的心理咨询师，他们可以将自己在特定求助问题上学到的东西应用在自己可能遇到的其他问题上，只有在自助的努力失败之后才会去向咨询师求助。这种贯穿生命全程的短程间歇式心理治疗模式与 SST 很匹配。卡明斯（Cummings，1990）建议，咨询师采用定向的、聚焦的干预治疗方式，并且一旦来访者的目标实现，咨询就暂时中断，但并非就此终止。这种模式督促着咨询师在第一次（也可能是仅有的一次）咨询中就做点不同以往的，而来访者也被鼓励将这次咨询中学到的东西运用到咨询外的生活里。对于卡明斯的这一建议，我还想补充一点，即我们还可以鼓励来访者利用他们自身的内部优势和外部资源，使用单次咨询的思考方式，尝试在以后遇到问题时进行自我帮助。

10

快即是好，少即是多

本关键点我会讨论两个重要的原则，我认为这两个原则会有助于巩固 SST 的理论和实践。第一个原则与咨询的用时有关（快即是好），第二个原则与咨询的内容有关（少即是多）。

快即是好

我曾在第 5 个关键点中提到自己协助英国一所大学建立了以单次咨询为基础的心理服务模式，机构可以尽快为每位同学约上一次心理咨询，而不再提供以往那种理所当然的 6 次或 12 次咨询。这种新型的以单次咨询为基础的心理服务收到了两个立竿见影的效果。第一，预约咨询的排队现象消失了，学生们可以在自己最需要帮助时马上见到咨询师。第二，学生们自己也给出了积极反馈，对于自己想见咨询师就能尽快见到而心怀感激。毫无疑问，对这些学生而言，越快做上咨询就是越好的。

少即是多

我刚开始在实践中运用 SST 的时候，内心还是挺有压力的，这种压力在于我总想给我的 SST 来访者尽可能多的东西，认为这样他们才能在咨询中获益最大。我把这叫作“犹太母亲综合征”（Jewish Mother Syndrome）。我每次去看望我妈妈时，都必须在离开时拿上很多她为我准备的食物，多到我自己都快拿不了的程度，我妈妈才高兴，只有这样她才会觉得自己是个好妈妈。而在我运用 SST 更熟练以后，我发现，如果给予来访者太多自助方法，反而会适得其反。他们会说自己觉得不知所措，其结果就是无法运用我给予他们的任何一个方法。反之，当我降低了对自己的期望，变为只帮助我的来访者拿走最重要的一点，同时也是他们觉得之后最有可能用上的一点，这时来访者反而告诉我，他们对这次咨询的体验更满意。就像“快即是好”一样，我的这些经验也让我明白了：“少即是多。”

11

人们能在某些情境下快速自助

SST 的预设是基于这样一种理念，即人们有能力在短期内快速自助，且有能力对自己找到的自助方法进行巩固和扩展。如果个体只能在很久以后才产生改变，比如说 1 年后，那么 SST 就不会存在了。我个人认为，快速自助的发生，需要具备以下四个重要条件：①知道自己做什么可以带来改变；②有一个充分的理由去改变；③采取恰当的行动；④准备好接受改变可能附带的代价。如果这四个要素都具备了，那这个人就会在短期内发生改变。我们分别看一下这四个条件。

在此过程中，我将讨论“薇拉”的案例，她是在我书里讨论过的（Dryden，2022a:50–51）那位艾伯特·埃利斯的来访者，并将其与“非洲紫罗兰女王”的案例进行比较，后者是第 2 个关键点首次提到的和艾瑞克森做过单次咨询的来访者[1]（O’Hanlon，1999）。

薇拉曾因自己的电梯恐惧症而向艾伯特·埃利斯寻求帮助，但由于付不起个体治疗的长程费用，就加入了埃利斯的一个团体小组。虽然薇拉对于需要通过乘坐电梯来面对恐惧的这个理念是接受的，但却抗拒照此行事。埃利斯和她的小组成员致力于识别和处理她为自己设置出来的防止自己真正进入电梯的所有障

---

[1] 严格来讲，“非洲紫罗兰女王”并不能算是艾瑞克森的来访者。她的侄子认识艾瑞克森，当他在密尔沃基的时候，因为担心自己的姑妈情绪低落、沉默寡言，所以他邀请了艾瑞克森来家中做客。

碍，然而这些努力也都被薇拉所抵制。在整个过程中，她都坚称自己是真的想要克服电梯恐惧症。

有一天，薇拉约了埃利斯周五下午晚些时候的个体咨询，这是很不寻常的。她刚刚听说自己上班的公司要从5层的办公室搬到同一栋大厦的105层，而且就在这个周末搬迁，计划周一早上开始就在新址办公了。

迄今为止薇拉都是走楼梯到5层上班的，但现在她可不认为自己每天还能爬105层楼上班。薇拉非常想保住这份工作，并请求埃利斯帮助她克服恐惧，以便她可以在周一早上乘电梯到大厦的105层上班。埃利斯告诉她，若想实现自己的目标，周末就必须在高楼大厦里整天搭乘电梯，还要接受这样所带来的巨大不适。薇拉确实这样做了，直到她克服了恐惧。重复性练习被证明是有效的，如果薇拉在几年前第一次寻求治疗时就这样做，那她早就好了，但那时她并不想全力以赴。

知道自己做什么可以带来改变

很重要的一点是，一个人得先了解自己需要做什么，然后才能带来改变。这种知识既可以是外显的，也可能是内隐的。这种外显知识是以 CBT 为基础的 SST 的一大特征（Dryden，2017）。知识也可以内隐在米尔顿·艾瑞克森工作的一次会谈中（O'Hanlon & Hexun，1990）。

正如上文讲到的，薇拉有电梯恐惧症，她已经清楚地知道，若要根本解决这个问题，自己就得多乘电梯。“非洲紫罗兰女王”则可能隐隐知道，遵从自己的基督教价值观行事（给自己所在教区的信众们送去非洲紫罗兰），不但对他人有帮助，也对自己有帮助。所以我认为她们两位都知道自己需要做什么才能改变。

有一个充分的理由去改变

除非一个人有改变的理由，并且这个理由对其很重要，否则这个人可能不会改变。

薇拉并非只能乘坐电梯上下楼，她工作的办公室在大厦的 5 层，她可以爬 5 层楼梯就到了。这也是为什么两年来她只有改变的想法，却一直没有改变的行为。直到她的办公室搬到了大厦 105 层以后，她才有了一个充分的理由改变自己对电梯的恐惧，理由就是她需要保住自己的工作。她的改变还很高效，因为她不得不在一个周末的时间里让自己改变，否则就上不成班了。而为教区有所施舍的基督教价值观对于“非洲紫罗兰女王”是非常重要的，艾瑞克森帮她找到了一种践行这种价值观的方法，他为其展示了实现这种价值观和把自己用心培植的非洲紫罗兰赠送他人之间的关联性。

采取恰当的行动

一个人可能有一个充分的理由去改变，但如果没有采取恰当的行动，改变仍然不会发生。薇拉采取的行动是在短期内多次搭乘电梯，如果她没有付诸行动，就不会有效地解决自己的问题。如果“非洲紫罗兰女王”只是知道把一盆盆紫罗兰送给教区信众是个好主意，但却没有这样做，那她的抑郁心境可能也不太会改观。

准备好接受改变可能附带的代价

改变通常是痛苦的。改变会带来一些不适，还可能会有某些利益损失。如果个人没有做好准备承受这些代价，很快就会停止促进改变的行动，已经取得的成果也会消失。薇拉已经做好了准备，在暴露疗法中忍受自己搭乘电梯时的巨大不适。而在另一个案例中，我们从奥汉隆（O’Hanlon）的描述中并不清楚“非洲紫罗兰女王”改变之后要面临的代价是什么。这个代价可能是她不得不放弃远离众人待在家中的舒适感。这种远离众人的社会退缩可能对她而言是很熟悉的，但我们都知道，走出熟悉的社交舒适圈，虽然对我们的健康有益，但同时也可能很痛苦。

12

SST 虽经来访者选择，但也不全由来访者决定

总的来说，SST 圈子是很重视来访者的自主决定的，它尤其关注，是谁做主选择了要不要把咨询做成单次咨询。下面这种情况就是很明显的来访者单方决定型 SST（SST by default）。当咨询师建议来访者再做一次或几次咨询时，可能会有两个结果：一个是来访者决定不听咨询师的建议，不再续约了；另一个是来访者虽然续约了，但要么后来又取消了预约，要么就干脆爽约没有来。无论哪种结果，来访者单方决定型 SST 都是来访者自己的选择。

当然，咨询师也有机会主动选择 SST。比如，咨询师先向来访者提示一下，咨询工作是有可能一次就完成的，如果不能，还可以续约。要由来访者本人决定这种 SST 是否符合自己的需求，并在本次咨询结束后作出选择。在这种情况下，咨询师可以这样对来访者讲：

> 我们发现很多来访者是可以从这一次咨询中受益的，当然了，如果你需要，我们也可以提供更多次咨询。但我想让你知道，只要你准备好了，想要开始为自己做点什么，那么即使只有这一次会面，我也愿意今天和你一起努力，帮助你迅速解决问题。
>
> （Hoyt, Rosenbaum & Talmon, 1990:37–38）

如果 SST 是预先规划的，那么来访者从一开始就在行使自己的选择权，来访者要么就遵守机构的规则，做单次咨询，要么就在自己想要立刻见咨询师的时候接受

一次即时服务（walk-in service）（Hymmen，Stalker & Cait，2013）。这种情况下来访者并不期望以后继续预约咨询。

最后要介绍的，是一种约一做一式咨询（one at a time therapy），英文缩写为 OAATT。这一概念最早被霍伊特（Hoyt，2011）用来代指一种治疗理念，即“每次预约只做一次咨询，而也许这一次咨询就够用了”。在实际工作中，这一理念已经被运用在大学心理服务机构中了，就是我在前面第 5 个关键点提到过的那所大学。为了解决等候名单过长的问题，也为了对那些有需求的大学生提供及时的帮助，心理服务机构重新调整了咨询设置，这样学生就可以即时预约单次心理辅导。学生们如果做完这次还有需要，也可以预约下一次，但不能把后面很多次的时段一起预约。这种设置表明，虽然学生可以自己选择，但无论是选择只做这一次咨询，还是选择做更多次咨询，他们每次都只能预约后续的一次。这种情况仍然体现了来访者的自主选择，但会受限于整个学生群体的紧急供给情况和其对咨询次数的需求。

13

SST 中的时间

塔尔蒙和霍伊特（Talmon & Hoyt，2014:469）写道：“单次咨询预设的信念和期望是，改变可以在当下发生。”在第 4 个关键点里，我提到过自己对于口吃观念的转变，这种转变是在听完收音机里迈克尔・本廷用去灾难化的手法来积极应对口吃后就立刻发生的。尽管要改变我的感受和行为还需要我对这种观念上的转变付诸行动，但我内心深处的某些根本性东西确实是在听他说话的那一刻就发生了改变。正如圣・奥古斯汀（St Augustine）在 4 世纪所说的，我们只拥有现在（the present is all we have）。所以当一位来访者谈论他们的过去或是可能的未来时，其实他们正在这样做。也正因如此，SST 力图在当下彰显改变。这也是为什么经验老到的 SST 咨询师并不阻止来访者谈论过去，因为他们知道与过去有关的改变会在此刻发生。

在需要的时候提供帮助

几乎所有的咨询师都希望尽可能快地帮到那些困境中的人。我从没听说过哪位咨询师只有在来访者排队咨询等了很久后才愿意尝试帮助他们！单次咨询比连续咨询（ongoing therapy）更有可能让咨询师为来访者快速提供帮助，因为 SST 就是立足于在来访者需要时提供帮助的。相比求助后必须排队好久才能被安排见面的情况，如果一个人能很快见到咨询师，那他们就更有可能准备好进行个人的改变。

立刻提供帮助

在连续咨询中，实际的咨询往往在咨询师了解了病史、对来访者进行了评估，如果有必要的话，还要进行个案分析之后才开始。相比之下，在 SST 里，咨询从当下就开始了，因此 SST 咨询师能够高效地利用时间。

高效地利用一次咨询的时间

单次咨询的咨询师高效利用时间的另一种方式是帮助来访者明确自己希望从这次咨询中获得什么，并将工作聚焦在该目标上。如果咨访双方都在此基础上开展工作的话，就会取得很多成果。

时间知觉

正如我们在后面第 20 个关键点将要讨论的，SST 中分配给一次咨询的时间各不相同。有些咨询师认为一次咨询中的（比如说）50 分钟很短，而另一些则认为这足以帮助来访者实现他们的咨询目标。所以，咨询师与时间的关系比时长本身更重要。我有时会建议那些觉得 50 分钟咨询时间短的治疗师，可以在一个不受干扰的房间里坐上 50 分钟，等时间到了再离开。通常情况下，这些咨询师就会意识到这段时间实际上比他们之前想象的要长得多，因此他们是有比自己以为的更多时间去帮助来访者实现其目标的。

14

SST 的思维模式和实际影响

我们在第 1 个关键点讨论过，大家对于 SST 的本质并没有共识。但被普遍认可的是，SST 的独特性更多地体现在其思维模式上，而不是在方法上。这意味着 SST 咨询师在和一位初始来访者开展工作时所采用的思维方式和更倾向于连续咨询的思维方式是不同的。以下这些理念概括了 SST 思维方式的主要特点。卡尼斯特拉（Cannistra，2022:1）指出，思维方式就是“咨询师带入工作过程中的影响其行动和决策的一系列信念”。

想着可能做一次，也可能做多次，但对二者都持开放态度

也许这种思维方式的核心原则就是，即使来访者有选择继续咨询的可能，但位 SST 咨询师仍会带着“该次咨询可能是对方做的唯一一次咨询”这种想法与来访者开启首次会谈，进而会全力以赴在这次咨询中帮来访者取得最大获益。然而，也有一些 SST 咨询师持不同意见，他们认为 SST 就是描述了来访者只做了一次咨询的情况，仅此而已。

我对这个问题的看法是，相比“SST 只有一次”这种观点，SST 式的思维模式更灵活，也因此与咨询上抱持多元视角的咨询师更加契合。它还适合那些知道可以续约更多次但仍愿意在一次咨询里全力以赴的来访者。所以，SST 式思维模式是在咨询中将一次咨询的处理方法与来访者可能进行多次咨询的处理方法合而为

一。对我来说，其关键要素是，无论现在正做的咨询是不是第一次咨询，SST 式思维模式都提倡要帮助来访者从当下这次咨询中收效最大化。由于咨询师既不知道来访者下次是否接着做咨询，也不知道来访者以前所做的是单次咨询还是多次咨询，所以最好的方法就是帮助他们充分利用目前正在做的这次咨询。相比之下，我们很难想象，如果没有一种 SST 式的思维模式打底，我们会在 SST 中采用单次工作的取向（one-session approach），尤其是我们所说的那种计划好的 SST（SST by design）。

杰夫·扬（Jeff Young，2018）建议，不管来访者的问题多么严重或复杂，也不管来访者可能被做出什么医学诊断，单次咨询师都要把“可能做一次，也可能做多次”的原则牢记于心。大家对此充满争议，因为临床医生在刚接触 SST 时经常会问到 SST 的禁忌证。扬想表达的重点是，即使那些人带着各种各样复杂的问题，他们也可以受益于 SST，而且，不能仅仅因为他们有严重或者复杂的问题，就想当然地觉得他们必然会做不止一次咨询。霍伊特和塔尔蒙（Hoyt & Talmon，2014b：503）在一篇文献综述中用例证说明了：“这些 SST 的功效并不局限于‘简单’的个案，而是在很多领域都可以产生更深远的作用，包括酒精和物质滥用的治疗，以及自伤行为的治疗。”

咨询由来访者引领

SST 的指导原则之一是，根据来访者提出的需求去构建咨询。因此，咨询师是秉承这一原则来开展咨询的，会专注于来访者想要讨论的内容，并提供来访者在该议题上想获得的那种帮助。唯一的例外是，当来访者想要达成一些在咨询师看来会伤害其自身的事情时。遇到这种情况，咨询师会坦承自己对此的担心，然后推动对这个部分的讨论。

刚开始接触 SST 的咨询师会遇到的一个困难是，来访者在讨论自己前来咨询的问题时，咨询师却听到了比那更重要的问题。这些咨询师都受过教育，知道如何区分来访者“呈现的”问题和他们“真正的”问题。结果就是，咨询师对于处理来访者自己“呈现的”问题是持怀疑态度的，即使这个问题是来访者优先想处理的。当这些咨询师将 SST 的思维模式带入 SST 时，就会跟随来访者的引领了。

确认并满足来访者想要的帮助

在第 22 个关键点，我会讲到来访者来做单次咨询时想要获得的帮助类型。从单次咨询思维模式的视角来看，重点是咨询师要牢记来访者想要什么样的帮助，并满足其偏好，除非是有充分的理由才不去这样做。对咨询师来说记住这点很重要，因为尽管大多数 SST 来访者是因为情感 / 行为的困扰来寻求帮助的，但也并非全都如此。比如，有时候来访者只是想有机会倾诉和表达一下自己对某个问题的感受，那这时给他们提供情感问题的解决方案就不是一个好的做法。

牢记与来访者协商结束时达成目标的重要性

对于一位抱有“连续咨询”思维模式的咨询师来说，询问来访者在整个咨询结束时想要达成的目标并没什么可稀奇的，其实更罕见的是，这样一位咨询师去询问来访者在第一次咨询结束时想要达成什么目标。但这种情况在 SST 中却是常态。所以，咨询师要和来访者讨论这次咨询结束后想要达成的目标，而不是整个咨询结束后的目标。这样做会促使来访者明确一个即刻的目标，而不是一个未来的长远目标。这样做会使来访者更有可能达成目标，也更有可能对第一次咨询感到满意，所以这样的来访者不太可能会提出续约。而如果咨询师没有让来访者设定这次咨询结束时要达成的目标，则来访者可能就会要求后续咨询。

如果来访者在单次咨询中设定了多个目标，咨询师要与来访者协商优先聚焦在哪一个目标上。这种协商往往是以来访者为主导的。

牢记共同创建的治疗焦点且一直保持该焦点

除非来访者说了想把这次咨询用来谈论自己想谈的事情，否则 SST 咨询师就要牢记和来访者共同创建治疗焦点的重要性。创建这样的焦点增加了来访者从这次咨询中带走自己想要的东西的机会。

为了确保咨询一直聚焦在协商好的目标上，咨询师要在各个节点上与来访者核对以确保咨询始终都在正确轨道上。此外，当来访者的思绪飘到其他事情上时，咨询师也会巧妙地打断并温和地引导来访者回到商量好的焦点上。

关注来访者的自身优势和外界资源

正如我在本书中所强调的，SST 咨询师整合了两个看似不同的理念：他们会和来访者一起合作，以帮助他们实现这次咨询中想要达成的目标，也会在有需要时为来访者提供更多帮助。鉴于咨询师一开始并不知道这两种结果会实现哪一种，所以他们将通过运用来访者的内部优势和外部资源来帮助其在这次咨询中实现自己想要的目标（参见第 27 和 28 个关键点）。

要想着来访者可以带走些什么

对 SST 咨询师而言，要牢记能让来访者从这次咨询中带走一些有意义的东西对其是非常重要的。如果来访者决定不再进一步求助，那这点就尤其重要了。在理想情况下，让来访者可以带点什么离开咨询室是一个普世的助人原则，这样来访者回去后就可以在相应的场景中应用了。这和布置家庭作业不同，家庭作业往往更有针对性，还要在下次咨询时由咨询师来检查。而在 SST 可能就没有下一次咨询了。

帮来访者带着复原的勇气离开：妥善结束咨询

杰罗姆·弗兰克（Jerome Frank，1961）认为，尽管寻求咨询的人都是带着各种各样的症状来的，但有个共同点是，他们往往都处于一种士气低落的状态。因此，SST 咨询师要始终牢记，尽可能帮助来访者带着复原的勇气离开咨询室是非常重要的。这就涉及妥善结束咨询。当咨询是被好好结束时，来访者会从这次咨询里带走一些有意义的东西，而这些东西会让他们的生活变得不一样；来访者会有机会倾诉在当前问题上自己想说的每一件事情、问出自己想问的每一个问题；来访者能询问并清楚知道自己有需要的情况下如何获得进一步的帮助。

总之，卡尼斯特拉（Cannistrà，2022）在最近的一篇文献综述中确定了构成单次咨询治疗师典型思维模式的 14 条原则，这些原则都列在了表 14.1 中。

表 14.1　卡尼斯特拉（2022）确定的构成单次咨询治疗师典型思维模式的 14 条原则

1. 一次咨询可能就够了。
2. 咨询师可以扮演主动的角色。
3. 人们拥有能使自己感觉更好的资源。
4. 来访者是他们自己生活的专家。
5. 各种方法都可以使用。
6. 可能会有做进一步咨询的需要。
7. SST 适合不同情境和需求。
8. 目标可以很小，也可只做简单干预。
9. 不具备太多先验知识也可以。
10. 最好一直坚持在咨询进程上并专注于此时此地。
11. 效果主要是在咨询之外产生的。
12. 单次咨询是需要有结构的。
13. 咨访关系是可以快速建立的。
14. 没什么是理所当然的。

15

来访者赋能

塔尔蒙和霍伊特（Talmon & Hoyt，2014:471）指出“来访者 / 患者有能力通过调整自己的想法、情绪和行为，从而为自己带来显著改变”，这是 SST 的坚实基础。因此，来访者的改变与 SST 咨询师的付出关系不大，而与来访者本人从咨询过程中带走了什么息息相关，正如我们上一个关键点所讲到的。这也是为什么有些 SST 在咨询师自己眼里做得特棒，但在来访者那里却收效甚微，而有时候咨询师自己感觉做得糟透了，来访者却反而产生了重大改变。说到来访者的改变，这种改变的力量是来访者自己的，而不是咨询师的。咨询师的技术在于鼓励来访者运用自身力量来实现自我改变。

正如前一个关键点说过的，SST 还基于这样一种理念，即一旦来访者有了改变，他们就可以利用自己的内在力量和外部资源来巩固和增强他们的收获，从而开启一个改变的良性循环。塔尔蒙和霍伊特（Talmon& Hoyt，2014:471）将其叫作“连锁反应的正向叠加”（positive cascade of ripple effects）。简而言之，SST 在改变的启动、巩固和增强的各环节都很重视来访者赋能。

16

服务的提供

正如我已经强调过的，SST 不是一种像 CBT 或以人为中心疗法那样的心理治疗取向。倒不如说它既是一种对治疗的思考方式，其更正式的叫法是 SST 思维模式（参见第 14 个关键点），也是一种提供服务的方式。这里的重点放在后者上。

我将在本关键点讨论提供 SST 的方式。首先，我会从如何通过预约来提供 SST 开始，之后会讨论 SST 的开放渠道（更加为人所知的名字是免预约咨询），最后是讨论提供 SST 的各种形式。

通过预约进行的 SST

顾名思义，当 SST 是通过预约来提供时，来访者会先预约，之后等待一小段时间，最后赴约完成咨询。所以充分利用从预约到赴约之间的这段时间就很重要了。正因如此，抱持单次咨询理念的机构和咨询师通常都会让来访者提前为这次咨询做好准备，他们要先完成一份会谈前问卷，并在开始咨询前返给机构 / 咨询师（参见第 49 个关键点）。

下面我来讨论这种通过预约进行 SST 的三种操作方式。

SST 与其他治疗方式共同提供：1. 由来访者选择以哪种方式进行

当 SST 与其他治疗方式一起提供时，要在来访者做出决定之前，为其讲清楚每种可获得方式的性质，更重要的是要讲清楚每种可获得方式的服务需要他们等待多久。一旦来访者做出决定，机构 / 咨询师就要接受这一决定，除非有充分的理由对此进行质疑。

SST 与其他治疗方式共同提供：2. 由机构决定是否推荐来访者接受 SST

这种情况下，由机构根据其确定的一套标准来决定给个人推荐哪种治疗方式。虽然会征求个人意见，但最终决定通常由机构做出。这种选项是 SST 社群最不喜欢的，因为它是以治疗师 / 机构为中心的，而不是以来访者为中心的。

嵌套法（the embedded approach）

SST 的嵌套法（也称为门户法），顾名思义，就是将 SST 嵌入作为机构提供服务的核心。在大多数传统治疗机构中，来访者在第一次赴约时，会被评估是否适合机构所提供的一种或多种治疗方式。因此，第一次预约通常涉及评估，而不是治疗。但运用 SST 的嵌套法，来访者的第一次预约就包括了提供一次咨询服务，而不是只做一次评估。从伦理上讲，来访者在赴约前应被告知这一点，并在他们不想采用这种工作方式时，能有其他替代方案可供了解。前面也提到过，来访者还应该被告知，如有需要，自己在单次咨询后也可以获得更多帮助，机构通常会在咨询后两到三周内联系这样的来访者，以了解他们是否需要更多帮助。

开放式 SST（open-access SST）

更为人所知的叫法是“免预约单次咨询”（walk-in SST），而“开放式 SST”一词是为了强调，不是每个人都能在没有预约的情况下一走进服务机构就立刻能做上咨询。开放通道还表明了任何人都有机会获得服务，并且对 SST 不会设任何障碍。鉴于个人从机构获取 SST 的开放通道前都需要等上一小段时间，那在开始前此人仍可填写一份表格，这能帮助其为咨询做好准备，进而从中取得最大获益。当然也要提前向来访者说清楚，该表格是自愿填写，而非强制性的，不过一旦填了表格，就可以分享给咨询师，这样后者可以对来访者想获得什么，以及求助问题的背景信息有一个提前的了解。

提供服务的形式

提供单次咨询服务的形式可以多种多样：面对面的咨询、网络视频咨询（例如，通过 Zoom）、通过电子邮件或用文字通信的形式。理想情况下，SST 的基本原则同样可以在这些形式中得以贯彻(如,让我们一起努力帮你实现今天想要达成的目标，如果需要的话，你也能获得更多帮助）。不过，此处“更多帮助”的部分就要取决于每个机构能提供的服务内容了。

17

SST 的多样化属性

你现在可能已经了解了，SST 是一个非常多样化的咨询领域，接下来我将在本关键点中展示它有多么地多样化。

SST 由谁发起?

SST 可能是来访者一方发起的，也可能是咨询师和来访者共同发起的，还可能是咨询师一方或利益相关的第三方机构发起的。

由来访者一方发起的 SST

来访者可以是在咨询开始前就提出单次咨询的需求，也可以是在这次咨询结束时提出不再来了，或者先续约下次咨询但后来又取消或者直接爽约不来。

来访者在一开头就提出 SST 的情况。如果来访者一开始就发起 SST，他们会宣告自己只会来做这一次咨询。这种情况下，SST 是既成事实，因此这不属于咨询师与来访者共同发起的 SST（详见下文）。来访者在一开始就发起了 SST，可能出于各种原因：

• 来访者内心可能已经有了一个明确的目的，并认定自己只需要一次咨询就可以达成目的。

• 由于现实的原因，该来访者只能参加一次心理咨询。这可能是由于地理或经济原因，以及其他实操因素。地理原因，比如来访者可能住在距离咨询师很远的地方，无法长途奔波来做更多咨询。而经济原因是指，来访者可能只付得起一次咨询的费用。

• 某人坚持要求来访者去见咨询师，来访者是出于让某人满意的原因才来做咨询的，并且会在咨询开始的时候声明这点。

来访者在这次咨询结束时发起 SST 的情况。来访者在本次咨询结束时，可能会决定自己不需要再预约下次了。当来访者这样说的时候，通常是因为来访者发现这次咨询对自己很有帮助，并且已经得到了原本想要的东西。当然，也可能是因为来访者发现这次咨询对自己没帮助，从而决定不再来做咨询。偶尔会有来访者直截了当地告诉咨询师，但更多时候，他们会对自己是否续约表达得模棱两可。

来访者取消第二次预约或直接爽约的情况。这种情况是来访者虽然预约了第二次咨询，但是要么之后又提前取消了，要么没有取消而是直接爽约没来，这都可以归类为“计划外 SST”（unplanned SST）（Talmon,1990）。这种情况通常被看作是来访者已经“脱落治疗”或“过早终止治疗”的迹象。然而我们在第 2 个关键点中曾经讲过，SST 得以发展的关键因素之一就是塔尔蒙（Talmon，1990）的研究发现，在他自己的 200 名来访者中，78% 的人只做了一次咨询，且大多数都属于计划外的，但随访结果显示这一次咨询对他们是有帮助的。

咨询师 – 来访者共同发起的 SST

咨询师 – 来访者共同发起的 SST 可能在以下两种情况下产生。第一种情况是，来访者和咨询师都同意只做一次咨询就结束；第二种情况是，双方都同意先试着在这一次咨询中尽最大努力实现目标，但假如来访者需要续约下次咨询（或更多次咨询），那也可以继续。

我自己在临床实践中的做法是，当一个人想来做咨询，我会先大概说明我提供的治疗服务范围，其中是包括 SST 的。然后，如果来访者表示出对 SST 有兴趣，我们就会进行一个简短的谈话，我会说明自己是如何做 SST 的，并且对需要实际考虑的因素（比如日程安排和费用）多介绍一点。如果来访者希望这样继续而我也同意，那么这时 SST 就算是由我们双方共同发起的。

由咨询师一方发起的 SST

尽管这不常发生，但咨询师这一方也会偶尔发起 SST。这种情况可能发生在咨询开始前或者在咨询做完后。

咨询师在一开头就提出 SST 的情况。举个这种情况的例子，咨询师可能想让来访者了解自己所采用的咨询流派（比如 CBT）大概是怎样工作的，但之后会为其转介到同一流派的其他咨询师那里继续咨询。这种情况可能是由于这个咨询师太忙了而无法再接新的连续个案了，可又准备和这位来访者做一次咨询看看，这样咨访双方就可以决定是否适合这种咨询流派。当然，如果来访者同意了，我们也可以把这个例子归类为咨询师 – 来访者共同发起的 SST，但是鉴于咨询师先行定好了自己的日程安排，来访者是被动接受的，所以最好还是将此例看成是由咨询师在一开头发起的 SST。

咨询师在本次咨询结束时发起 SST 的情况。在本次咨询结束时，咨询师可能决定不再为来访者提供后续咨询，从而单方面提出了 SST。这种情况可能出于以下原因：

- 咨询师可能认为来访者可以利用本次咨询成果而不需要更多咨询了；
- 咨询师认为该来访者不适合自己所采用的咨询流派；
- 咨询师认为该来访者无法从咨询本身获益。

无论是以上哪种情况，咨询师都要向来访者说明自己不会再为其提供后续咨询服务的原因。

SST 的不同类型

SST 有各种不同的类型，我会在本书第 7、第 8 部分详述，这里先简要提一下，帮助大家了解 SST 的多样化属性。

免预约咨询

顾名思义，免预约咨询（walk-in therapy）是指这样一种场景：某人临时有想法而走进了一家咨询服务机构，想要当即做一次心理咨询。斯里、麦克尔赫勒恩和劳森（Slive，McElheran & Lawson，2008:6）的描述是：

> 免预约咨询使来访者得以在自己选择的那个时刻与心理健康专业人员会面。无需繁文缛节，无需分流引导，无需登记流程，无需预约排队，也无需等待。即时咨询没有正式的评估，也没正式的医学诊断，有的只是这一个小时咨询会全然关注在来访者表达自己想要什么。

斯里和博贝勒（Slive & Bobele，2011:38）的观点也呼应了我们在前面第 13 个关键点说过的单次咨询的思维模式：

> 免预约咨询不一定只做一次……然而，如果咨询师抱持着免预约的思维模式，那他们就会一直想着当前这次咨询可能就是最后一次了。我们是在内心抱着这种想法来组织每次咨询的，也是带着这样的心态努力将每次咨询效果最大化的。

临床演示

临床演示（clinical demonstrations）都是单独一次的心理咨询。咨询师通过与一名观众中的志愿者做咨询来演示自己的咨询取向。如果是在专业圈里的工作坊，那么观众一般都是专业受训的咨询师或实习生（Barber，1990），如果是对外界开放的工作坊，那么观众中就会既有专业咨询师，也有对心理咨询感兴趣的圈外人（Dryden，2018；Ellis & Joffe，2002）。

拍摄培训用录影带（filmed training tapes）

我们在第 1 个关键点中就说到过，SST 发展过程中一个重要的里程碑就是一部叫作《格洛丽亚》的影片，在这部影片中，卡尔·罗杰斯、艾伯特·埃利斯、弗里茨·皮尔斯都和一位化名“格洛丽亚”的来访者做了咨询。这部系列影片以及随后制作的另两部影片，其目的都是教学性质的，都是为了向咨询师演示从业前辈们是如何施展咨询手艺的。实际上，这些录影片段都可以算是 SST 的例子，因为其中的来访者和每位咨询师都只有一次会面。这种通过录影带来进行培训的传统仍在继续。比如美国心理学会（APA）就录制了大量这种 DVD 光盘用于临床训练和专业咨询师的继续教育。

第二诊治意见

在医学上，如果病人没有像之前的内科医生或专科医生预想的那样好转，那么将病人转诊或病人要求第二诊治意见（Second opinions）是很常见的。在心理咨询领域也是如此。所以有时我的咨询师同事会让我提供第二诊治意见，这种情况下我都是只见来访者一次。我在第 97 个关键点中会举一个这样的例子。

18

SST 的目标

我们能从 SST 中达成哪些目标呢？说到这个，我就要先从咨询师在 SST 里的目标说起，然后再来谈谈来访者的目标。

咨询师的目标

斯里和博贝勒（Slive & Bobele，2014）两位在其撰写的即时咨询文献中曾提到过，有若干要素都是他们希望来访者在做完一次咨询后就能获得的，所以咨询师的目标也应该是促使其获得这些。不同的要素可能适合不同的来访者。

情绪舒缓的感觉

很多时候，人们都会将自己的问题和与此相关的感受一起埋藏在心底。而一名专业咨询师可以认真聆听并让他们有机会以自己的方式讲出自己的困扰。所以，向心理咨询师倾诉内心忧虑的行为方式能够给人们带来情绪上的放松，而这可能就是人们所需要的全部。

有希望感

如果一个人是带着绝望感来做 SST 的，那么咨询师应该努力帮助来访者在这次咨询结束时获得希望感。最好的做法就是通过倾听，接纳他们的痛苦，帮助他们看到可能连他们自己都已经忘记的优势，并鼓励他们想办法在那些感到绝望的问题上运用这些优势。

视角的转变

一个人可能会因为自己思考问题的方式或看待问题情境的视角而使得自己的问题一直持续。咨询师要帮助来访者用不同的方式考虑问题或情境，这样可以给他们提供一种新的视角，从而有助于他们解决问题。

做些不一样的

我上一段刚讲过的是，一个人的问题一直持续，可能和其已有的看待问题和（或）情境的角度有关。同样，如果问题一直持续，也可能和其在问题情境中无意识的行为方式有关。所以，通过一个咨访双方商量好的任务，帮助来访者尝试做些不一样的事情可能会有用。

利用资源

来访者可以从利用外部资源中受益，咨询师可以在这部分帮上忙。

为将来去服务机构继续咨询做好准备

对于那些不情不愿来做即时咨询或勉强接受单次咨询服务的人来说，对他们最有用的或许就是今后他能更愿意去寻求心理咨询的帮助。

帮助来访者不被卡住

作为一名单次咨询师，我构建咨询目标的方式就是去帮助那些经常被问题卡住的来访者，使其通过某种方式最终不再被卡住。这包括我首先要帮助来访者弄清楚自己不卡住时是什么样子，然后再从他们身上发现他们需要做些什么来实现这点。

来访者的目标

当来访者在 SST 中被问到自己的治疗目标时，他们通常都会使用很广义或者很概括性的措辞。然而，在 SST 中最行之有效的目标是下面这样的（de Shazer,1991）：

目标要以来访者为重

如果来访者想从 SST 中获得最大收益，那他们的目标需要是一个对自己来说特别重要，而不是对别人重要的目标。有时来访者是被其他人“送来”做咨询的，所谓的目标也是别人想要来访者达成的目标，毫无疑问这样的 SST 很难有良好效果。所以，SST 需要帮助来访者设定一个对自己而言非常重要的咨询目标。

目标宁小勿大

来访者在 SST 中设定的目标越是雄心勃勃，就越不可能达成。鉴于此，SST 咨询师需要帮助来访者设定一个虽小但有意义的目标。

目标要用具体化的、行为化的语言来描述

如果来访者的目标能用具体化的、行为化的语言表达出来，则会有助于他们的目标达成。所以，SST 咨询师要帮助来访者明确表达其目标，并与他们的行为参照指标联系起来。

目标要在来访者的实际生活中可实现

SST 咨询师不仅要确保来访者的目标是可实现的，还要确保来访者能将其运用于自己的现实生活里。否则，即使目标本身可以实现，但因为实际生活中用不上，那么来访者也不会去实现这个目标。

要让来访者领会到自己付出努力的意义

一边是自己想要的目标，一边是为了实现目标自己需要有所行动，让来访者看到这二者之间的关联非常重要。因此，SST 咨询师需要帮助来访者建立这种关联，否则来访者可能不会付出努力。

要让来访者将目标看成是“某种开端”，而不是“某种结束”

来访者能明白自己目标的最终实现需要有一个过程，这点非常重要，来访者在 SST 中的收获将会是自己目标逐步实现的开端，而不是终结。对于这一点，他们理解得越清楚，就越有可能从 SST 中获益。因此，SST 咨询师的工作是要帮助来访者迈出实现目标的最初几步，而不是最后几步。

要致力于新感受和（或）行为的出现，而不是现有感受和行为的缺失或中止

常常会有来访者说自己的目标是终止糟糕的感觉，或是终止自己的不良行为方式。然而人类是无法在没有感觉和行为的真空环境里好好生活的。所以他们需要其他东西替代自己之前的那种目标。因此，SST 咨询师的任务就是要帮助来访者转而设定一个良好的情感目标或行为目标。

19

SST 挑战了关于咨询和改变的已有信念

在 SST 的概念及其背后的理念刚问世时，很多心理咨询师发现自己对 SST 是抗拒的。经过进一步的研究，我们发现这种“阻抗”是基于这样一个事实，即 SST 挑战了咨询师们一直秉持的宝贵理念，这些宝贵的理念涉及心理治疗和治疗所带来的改变的本质。在本关键点我将详述这些信念并就其与 SST 有关联的部分做些讨论。

多即是好

如果某样东西是有益的，那么东西越多一定意味着获益越多。但这一信念或许只适用于生活中的某些领域，而并不适用于心理咨询领域。兰伯特（Lambert，2013）通过文献综述发现，随着来访者接受心理咨询次数的增多，其疗效却在递减，并且更多的改变其实是发生在治疗早期，而不是治疗后期。

对心理紊乱和改变效果的客观性测量优于主观性测量

有一点我们应该留意到，在兰伯特（Lambert，2013）做文献综述的大多数研究中，都只采用了客观评定量表来测量咨询产生的改变，却没有来访者自己表达有何收获的主观评量方式，当来访者被问到自己在咨询中的收获时，他们只是在简易表格上给出一个代表咨询收获的数值，这些评量结果中也包括那些只做了一次的咨询（Hoyt & Talmon，2014b）。所以当 SST 来访者报告自己对 SST 很满意时，有可能这一个数值无法像客观性测量方式那样对比显示出“临床上的显著改变”。所以客观性测量有可能会错失一个重要的评估结果，即这些 SST 来访者对咨询效果很满意。

我们还应谨记，心理专业人士所谓的“来访者不再来咨询”，是因为他们使用心理紊乱（psychological disturbance）的客观性测量工具后，单方面认为来访者还需要继续咨询。可是，来访者才是那个在自己出现情感痛苦时去寻求帮助的当事人，他们一般都会在痛苦停止之后就不再咨询了。SST 带给我们的知识之所以很有挑战性，是因为它促使我们开始思考，来访者可能才是那个判断自己何时满意、不用再来的最佳人选，而并非咨询师。所以，问题来了，如果来访者在完成单次咨询后，从客观评定标准上并未出现“临床上的显著改变”，可是从主观表述上来访者又说自己对于咨询的效果很满意，我们要怎么理解这种情况呢？这次 SST 到底算不算成功呢？答案是肯定的，因为我们要以来访者为准，而不是以客观评量的数字为准。

显著改变都是缓慢且逐渐发生的

正如前面所说过的，专业人士常常将改变分为两种：一种是临床上有统计学显著意义的改变；另一种是没有显著意义的改变。临床上有显著意义的改变是指某人不再属于功能失调的范畴了，或是可以属于功能健全的范畴了（Jacobson，Follette & Revenstorf，1984）。批评 SST 的人士虽然认可在 SST 中确实有治疗性改变发生，但他们却质疑这种改变在临床上的显著性，原因就是他们认为改变应该是缓慢而逐渐产生的。然而，海斯等人（Hayes et al.，2007）的研究显示，临床上的显著改变固然可以是渐进的和线性的，但这并非普遍情况，这种改变也可以很快就发生。有一个概念叫作量子变革（quantum change），它会在很短的时间里，从心理咨询的内部和外部产生显著变化。量子变革是指一种突发的、剧烈的、持久的变化，其影响可波及情绪、认知和行为的广泛领域（Miller & C'de Baca, 2001）。尽管这类变化不会在 SST 中经常产生，但这并不代表它就不会产生。而正是这种在 SST 短时间里产生显著改变的可能性挑战了我们已有的传统观念，这个传统观念就是，真正的改变只能缓慢而逐渐产生。

另一个值得在这里强调的点，也是我之前就讲过的，那就是，谁有资格来决定什么才算显著改变，而什么又不算呢？仅仅因为一个人在 SST 中发生的客观上的改变不符合临床显著性的客观标准，并不意味着来访者没有产生主观上的显著改变。

有效咨询是建立在长久发展起来的咨访关系上的

很多研究结果都在告诉我们，咨询师与来访者创建出来的关系质量是决定咨询效果的一个重要因素（Lambert，2013）。SST 的批评人士正是考虑到这一研究结论，从而怀疑 SST 的效果，因为他们认为 SST 没有时间与来访者发展出良好的咨访关系。然而，SST 咨询师却坚持认为，与来访者发展出良好的咨访关系是有可能的，只要双方都为了来访者求助的问题而一起努力，并且在 SST 中采用目标导向（或焦点解决）的工作方式。确实如此，正如研究所显示的，从 SST 中获益的来访者会报告自己与咨询师建立起了强大的工作同盟，而没有获益的来访者则会报告自己与咨询师之间的同盟很薄弱（Simon et al.，2012）。这告诉我们，SST 咨询师有能力做到，而且也确实做到了同来访者形成良好的咨访关系，甚至还能非常迅速地实现这一点。

SST 只适合来访者面对简单问题时的情况

刚刚接触 SST 的咨询师最常问的一个问题就是："哪些人适合做 SST 以及哪些人不适合？"我将在第 45 个关键点用多一点的篇幅来谈这个问题。扬（J. Young,

2018:48）认为以下是对这个问题的最佳回复：

> 正是为了避免回应这种难题，我们采用在整个咨询服务体系中嵌入 SST 的方式，这样来访者在想继续咨询的时候就可以回来。也就是使用 SST 进行初始访谈，随后机构可以提供他们之前提供的所有后续咨询服务。咨询师是抱着这第一次咨询可能就是最后一次咨询的理念来工作的，这种嵌套的形式也帮助工作人员和服务机构不必决定谁适合以及谁不适合这种“一次终止”式咨询，因为这种决定不但很难，甚至是不可能的。

很多 SST 咨询师都会发现，即使面对很复杂的难题时，人们也常常去寻求简单的解决方案，只要能在 SST 的工作框架里找到这种解决方案，他们就会很满意（Hoyt et al., 2018a）。

20

SST 的时长

提到 SST，经常被问到的问题就是：这样的一次咨询应该做多长时间？如果传统上的心理咨询是每次做 50 分钟[1]，那 SST 的时长也是这样吗？还是应该比 50 分钟更长一点或更短一点？跟咨询中的其他问题一样，答案就是“要视情况而定”（Dryden, 1991）。50 分钟对于有些来访者而言是够了，而对于另一些人则不够，还有些人则觉得时间太长了。

下面给大家举几个不同时长的 SST 例子：

① 包法利中心（The Bouverie Centre）是澳大利亚一家非常著名的家庭研究所，在给那些本来就想要做单次咨询的家庭去信时，该中心会告诉他们预留出至少 90 分钟的咨询时长。

② 单次治疗（One-Session Treatment，OST）是拉斯·约兰·奥斯特（Lars-Göran Öst）为治疗特定恐惧症而设计出来的一种集中暴露疗法（massed exposure therapy）的加强形式（Davis Ⅲ，Thompson & Öst et al., 2012）。OST 将暴露（exposure）疗法、参与式模仿（participant modelling）、认知挑战（cognitive challenges）和强化（reinforcement）都结合在一次单元咨询里，

---

[1] 传统上认为一次咨询 50 分钟。

其时间可以持续 3 个小时以上。通过咨询师指导下的行为实验，来访者慢慢暴露于逐步升级的恐惧中（Zlomke & Davis Ⅲ，2008）。

③ 本书第 96 个关键点中会讲到的《格洛丽亚》录影带也有很多单次咨询的实例，都是不同心理咨询流派大师与同一位化名“格洛丽亚”的来访者做咨询的示范，影片的目的是用于教学。其中卡尔・罗杰斯与格洛丽亚的咨询做了 30 分钟 22 秒，弗里茨・皮尔斯与格洛丽亚的咨询做了 22 分钟 30 秒，艾伯特・埃利斯与格洛丽亚的咨询做了 17 分钟 24 秒。因为这些咨询示范都很简短，我给这些单次咨询实例起了个名字叫“极短程治疗性会谈”（Very Brief Therapeutic Conversations，VBTCs），在这种会谈中，来访者在已知自己不会再次见到咨询师的情况下，与其探讨自己的问题。而在本案例中，来访者也知道现场录制的 DVD 光盘还会被之后的专业人员所观看。我自己也录制过 5 个这样的 DVD 光盘，其中案例的咨询时长从 28 分钟 27 秒到 52 分钟 22 秒不等。

④ 没有录像的那种咨询示范也属于 VBTCs，咨询是在当场做的，观众可能是专业人员，也可能是外行与专业人员都有。现场里，一位咨询师与观众中自愿上台的来访者一起工作，这名志愿者正在就自己目前的一个困扰寻求帮助，而且准备好了要在其他人面前公开提及自己的这个困扰。我在一本讲无录像（non-filmed）VBTCs 的书里写过 8 个这样的会谈记录，其时长从 10 分钟 47 秒到 31 分钟 47 秒不等（Dryden，2018a）。

综上所知，单次咨询的一次时长可以根据咨询会谈的不同情况和目的，从 10 分钟 47 秒到 3 个小时不等。

21

各种流派对 SST 的运用

SST 只是一种提供咨询服务的方式，其本身并不是一个心理治疗模式或者咨询流派。如果我们能在这一理念上达成一致，那么 SST 其实是可以为各流派咨询师所用的。因此，在霍伊特和塔尔蒙出版的会议刊物（Hoyt & Talmon，2014a）中，我们能看到以下心理咨询流派运用了 SST。该会议刊物汇编自 2012 年 3 月在澳大利亚墨尔本召开的第一届“抓住片刻”（CTM）国际大会的会议成果（Hoyt & Talmon，2014:473-478）。

- 焦点解决流派；
- 使用催眠体验（hypnotic experience）的流派；
- 帮助改变来访者的问题导向规则（problem–governing rules）流派；
- 神经语言程序（neurolinguistic programming，NLP）；
- 情绪释放技术（emotional freedom techniques，EFT）；
- 马匹辅助治疗（equine–assisted therapy）（动物治疗的一种）。

2015 年 9 月在加拿大班夫又召开了第二届“抓住片刻”国际大会，霍伊特等人（Hoyt et al.，2018b）后来又在此基础上汇编了一本书，并在书的导言中提出运用 SST 的两大不同方式：一种是“建设性的”方式，另一种是“积极–指导的”方式。

以“建设性的”方式运用 SST

以“建设性的”方式运用 SST，包括了那些本质上“非病理性的（nonpathol-ogizing）焦点解决取向、合作对话取向或叙事取向的心理咨询流派”。与这些取向相关的咨询师都是通过自己的专业技能来帮助来访者“识别并运用自己之前已有（尽管有时会忽略）的技能”（Hoyt et al., 2018b: 14-15）。第二届 CTM 会议汇编中的大多数文章都是“建设性的”方式的例子（Hoyt et al., 2018a）。

以“积极 – 指导的”方式运用 SST

霍伊特等人（Hoyt et al., 2018b）在正式出版前的版本中还提到过一类积极 – 指导的方式。对于此类方式，他们是这样说的（Hoyt et al., 2018b: 19, footnote）:

> 引起改变，首先是由咨询师形成一个“挑错”的观点（“来访者怎么卡住的？”），接下来是咨询师将自己识别到来访者需要改正的部分告诉对方——通过顿悟、解释、教导、特定技能训练、反向行为治疗（paradoxical behavioural directives）这些方式来消除人际问题。

将这种积极 – 指导的方式运用于 SST 的例子包括“REBT（理性情绪疗法）/CBT（认知行为疗法）（Dryden，2016，2017）、心理动力学派、再决策学派 / 格式塔学派和策略派疗法的某些方式”（Hoyt et al., 2018b: 19, footnote）。

我个人的意见是，霍伊特等人（Hoyt et al., 2018b）对于目前运用于 SST 的咨询流派，仅仅是在书中给出了对这两分支的看法，但并没有充分阐释他们最开始提出的“积极 – 指导的”方式具体是怎样的。虽然这样一种方式确实是带着先“挑错”再纠错这样的考虑来做咨询的，但是咨询师在实践操作时则是通过提供自己的观点，而并非强加观点给来访者的，并且会认真对待来访者在这些议题上的意见。咨询师也会顾及到来访者已经具备的能力，从而将其带入 SST 进程中的优势部分通盘考虑进来。尽管如此，我认为，相比运用建设性方式的咨询师，采用积极 – 指导方式的 SST 咨询师更有可能鼓励来访者别用那些可能产生长期消极后果的潜在解决方案。

22

SST 中的求助类型

人们通常会认为单次咨询就是为了帮助来访者解决现有的情绪和 / 或行为问题而设计出来的。尽管来访者在单次咨询里最普遍的求助类型确实是要解决情绪 / 行为问题，但这绝不是来访者从单次咨询里求助的唯一类型。在我简要列出单次咨询中可用的不同求助类型之前，我想强调一点，关键是咨询师向来访者提供其最想要的帮助，而不是提供咨询师认为来访者所需要的帮助。当咨询师满足了来访者在单次咨询中的求助偏好时，就会加强他们的工作联盟，并对来访者在单次咨询中的收获产生积极的影响（Norcross & Cooper，2021）。

以下是来访者在单次咨询中最常见的求助类型：

- 帮我解决一个情绪或行为问题并让我摆脱困境
- 帮我对一个问题有更深入的理解
- 帮我表达我对一个问题的感受以及让我把心里的苦水倒出来
- 在我谈论一个问题时只是听着就好
- 让我随意谈论我想谈论的任何事情——不要试图引导我
- 帮我做出一个决定
- 帮我解决一个两难困境
- 对某事给出你的专业意见
- 指引我找到适合的服务

100 KEY POINTS

单次咨询：100 个关键点与技巧

Single-Session Therapy (SST):
100 Key Points and Techniques

Part 2

第二部分

单次咨询的假设

23

以来访者为中心和以来访者为驱动

有效 SST 的特征是既以来访者为中心，也以来访者为驱动。

以来访者为中心

有效的 SST 是以来访者为中心的，但并非基于“以来访者为中心疗法”，后者是卡尔·罗杰斯（Carl Rogers，1951）创立的咨询流派，也就是如今广为人知的“以人为中心疗法”。我们这里所说的以来访者为中心，是指咨询集中于来访者此时在哪儿以及来访者想要去哪儿。这意味着，除了在咨询开始前会进行一个聚焦式的简易风险评估外，咨询师会在咨询开始后立刻与来访者一起工作，所以 SST 往往不去做正式的量表评估，也不会去走冗长的个案程式。确实如此，对于我那些认知行为疗法（CBT）取向的同事而言，SST 很有挑战性，要知道我这些同事一直都坚持只有做好全套个案程式才能正式开始咨询。鉴于他们的这一立场，他们不太会去有计划性地做 SST。

尽管所有的 SST 咨询师都认同以来访者为中心这个着眼点，但有些咨询师坚持认为，最好是着眼于来访者最想要的解决方案，而不是去聚焦问题（Ratner,George & Iveson,2012）。包括我在内的另一些人（如 Dryden，2017;2022a）则认为，围绕着以来访者为中心这个着眼点工作，我们既可以从问题切入，也可以从解决方案切入，只要我们本着后者可以作为前者一个务实选项的理念即可。当然了，或许真正的以来访者为中心要由来访者决定自己的着眼点。

对于以来访者为中心这个着眼点，韦尔等人（Weir et al.，2008:39）认为，

SST 咨询师倾向于相信“来访者是自己的专家，他们在任何特定时刻都很清楚，何种改变以及多少改变对自己而言是重要的”。韦尔等人还罗列了几条咨询师如何将以来访者为中心这个着眼点体现在行动上的实践准则：

- 在咨询一开始就询问并探索来访者想要什么；
- 依来访者的关注点来协调咨询流程安排；
- 与来访者更多地采用开诚布公的合作方式商定所需的咨询频次；
- 专注于来访者的问题，但同时也认可来访者自身拥有应对问题的资源与本领；
- 为来访者创造时机让他们自己试试，使他们能判断自己是否还需要进一步的帮助。

以来访者为驱动

来访者在很大程度上推动了有效的 SST 发展。霍伊特等人（Hoyt et al., 2018b: 14-15）指出，来访者通过四种方式促进了 SST 的有效性。

来访者选择并发起了咨询

对于那些勉强来咨询或根本不想咨询的来访者，SST 并不好使，除非这种不情不愿的现状能在咨询刚开始的时候被迅速扭转。相比之下，当来访者积极寻求咨询，并且渴望尽快“搞定这事儿”，再加上咨询师如果也表现出相似的热情，那么一场高效的 SST 更有可能随之而来。

来访者明确了咨询的目标

咨询师固然也有 SST 的目标（参见第 18 个关键点和第 56 个关键点），但除非咨询聚焦在来访者本人想要从中获得什么，否则咨询师的工作不会很有效，从长远来看尤其如此。相比而言，如果来访者自己设定了一个特别想要的且迫不及待的目标，那这样的动力就会给咨询过程注入活力，并最终取得能激励咨访双方的结果，那就是来访者会从这个过程中带走很有意义且能持久的东西。

来访者自身已有的内部因素造就了最大改变

正如第21个关键点里讨论过的，霍伊特等人（Hoyt et al., 2018b）将运用SST的咨询方式划分出了两大阵营："建设性的"阵营和"积极–指导的"阵营。我认为前一个阵营主张SST的进程在很大程度上是由来访者驱动的，从这个意义上说，来访者在咨询师的鼓励下找到和使用他们自己的内部因素（比如某些技术、本领和胜任力），这些因素是他们已经有的，只不过自己忘记了或者失联已久，最终来访者从这个过程里获益最大。而"积极–指导的"阵营的咨询师，虽然并不反对前者的立场，但他们主张来访者也能从学习新技能里受益，而这些新技能并不属于参加SST之前就已经具备的内部因素。然而，就算我们采取了后一种阵营的方式，就算咨询师确实在SST中给来访者教授了新技能，但若想让来访者产生改变，还是要看他们是否能以对自己有用的方式将新技能学会并运用出来。

来访者自己决定是做一次咨询就够了还是需要更多次咨询

除非来访者是在只能做一次咨询的背景下来寻求帮助的，否则，是只咨询当下这一次，还是再约一次或续约多次，都应该由来访者自己决定。无论是计划内SST（"我不用再来了"），还是计划外SST（约了下次咨询但后来又取消或爽约没来），都应如此。

24

在开放性和反馈度上咨访双方是相辅相成的

SST 得以开展的两种价值观是开放和反馈。在高效的 SST 中，咨访双方在这两种价值观上都显现出相辅相成的特点。

开放

既然咨询师和来访者很可能只做这一次咨询，那么彼此坦诚就非常重要了。这意味着，来访者需要对咨询师保持开放的态度，对于自己正在纠结什么以及自己想从咨询中收获什么都要坦诚相告。他们还需要对咨询师说清楚自己觉得什么帮助可能对自己有用以及什么没用。而咨询师需要和来访者澄清以下议题：

- 咨询师在 SST 的框架下能做什么以及不能做什么；
- 咨询师是否能帮到这位来访者；
- 咨询师是否拥有以前帮助相似困扰的来访者的经验。

同样，咨询师也需要对来访者的提问坦诚作答。当然这并不意味着咨询师必须有问必答，但咨询师确实要在自己不能回答某些特定问题时向来访者坦诚地解释清楚。

最后，自我暴露也能体现出咨询师的开放性。鉴于此，咨询师可以向来访者暴露自己也曾遇到过与其类似的困扰但是后来解决了。如果这种自我暴露对来访者有用，那咨询师就再多分享一点自己是如何有效解决这个问题的，因为这个过程也可能帮助来访者效仿咨询师的问题解决策略，或者激发来访者想出他们自己的策略。

韦尔等人（Weir et al.，2008）在澳大利亚的维多利亚曾开展过一项研究，旨在调研 SST 的开展情况及其对从业者的影响。结果发现，69% 的调研对象认为 SST 促使自己直接而坦诚地对待来访者。也就是说，注重开放性的咨询师会被 SST 所吸引，反过来 SST 又促进了咨询师与来访者的工作变得更加开放。

反馈

韦尔等人（Weir et al.，2008:39）还在研究中发现：

> 表示自己是按照 SSW（single session work）原则工作的人中，有近 2/3 的调研对象声称自己会鼓励来访者对咨询服务的质量给予反馈，而且还会运用反馈意见进一步完善自己的工作。

SST 咨询师不仅会对提供心理服务的工作质量发起反馈，还会邀请来访者就本次咨询的收获以及可预计的未来收获给予反馈（比如：三个月后会收获什么）。

既然反馈是咨访双方相互的，那么咨询师也要定期给予来访者反馈，比如向来访者反馈现在咨询进展到哪一步了，以及接下来要做点什么，诸如此类。

25

以未来为导向，但也对当下和过去保持敏锐

鉴于 SST 是目标导向的，所以单次咨询的咨询师会鼓励来访者关注未来——他们想要从咨询过程中收获什么。有些咨询师是通过鼓励来访者关注解决方案而不是问题来实现这一点的，而有些咨询师虽然没有阻止来访者罗列问题，但会迅速鼓励来访者针对问题明确具体的可接受目标。

聚焦于解决方案的取向

聚焦于解决方案的咨询，可以通过三种方式帮助人们从单次咨询中受益（Iveson，2002）。第一种方式是，既然很多人是因为一直沉浸在问题里而使自己的生活被卡住了，那么关注解决方案的咨询师就会帮助他们不再纠结于问题本身，咨询师会鼓励来访者细致地描绘解决方案或者最想要的未来是什么样子。这样做完之后，有些来访者已经能很清楚地看到自己需要做什么来落实这些方案，继而发现自己已经不需要再来咨询了。第二种方式是，有些来访者其实已经解决了他们的问题但是自己没意识到，所以当他们亲耳听到自己描述出来的那些想要的未来场景时，就会发现其实已经有足够的场景都发生过了，那自己也不需要进一步咨询就能继续自己想要的生活了。第三种方式是，当咨询师让其聚焦在未来时，有些来访者会对自己当下的生活更为欣赏，也会意识到以前不可管控的生活其实是可以管控的。

聚焦于解决方案的咨询师认为，上述的这些情景之所以成为可能，是因为咨询主要聚焦在未来以及来访者如何实现未来。

虽聚焦问题但同时又以解决方案为导向的取向

对于SST来说，采取一种既聚焦问题，同时又以解决方案为导向的取向是可行的。确实如此，当我自己在做 SST 时，也会花相当一部分时间关注来访者的问题，这样我们双方对于引发问题并使其持续至今的那些因素都会有一个充分的理解。这样做帮助我们双方在充分理解问题的基础上一起去找到最适合的解决方案。可以这样说，聚焦在问题上的方法帮助我们找到了最好的解决方案。

虽说 SST 是导向未来的，但这并不等于来访者不能讲述自己当下或过去的情况。正如我们上面所写到的，从问题着眼虽然意味着来访者要诉说此时此刻的问题如何困扰自己，但我们也看到了，这种对当下的关注又可以引发来访者关注最想要的未来。

所以，如果来访者想谈论自己的过去，我们也可以抱持相似的立场。一旦来访者开始讲述过去，我们的着眼点应该放在，对于过去的经历，他们现在拥有怎样的感觉。如果我们这样处理了，与过去相关的当下的问题也能够被充分理解了，那么咨访双方就可以像上面讲的那样去聚焦未来了。

26

准备工作

准备工作是 SST 中一个很重要的概念。我会从来访者和咨询师这两个方面来细说准备工作。

来访者的准备工作

在我看来，来访者的准备是一种心理状态的准备。来访者已经做了如下决定：①自己有问题；②想要处理这个问题；③想要即刻处理这个问题。还有最后一点，来访者愿意接受自己从一次咨询中获益的可能性。下面我会依次展开来谈这几点。

来访者确实觉得自己有问题

很显然，如果一个人不认为自己有问题，那么 SST 就不会有用。如果他们不认为自己有问题，当然也就不可能找咨询师做咨询。但也可能是在应另一个人的要求才来见咨询师的，那么咨询师可能会和此人完成会谈，结果此人发现自己还真有问题。如果真是这种情况，那也可以说该会谈是有建设性的。但通常情况下，SST 还是从人们想要主动为自己的问题寻求帮助开头的，上述那种偶然情况极少发生。

来访者想处理这个问题

一个人虽然自己有问题但是并不想去处理这个问题，这种情况其实是非常有可能的。他们与自己的这个问题共生得越来越好或者越来越糟，但还没有达到那种足以让自己承认问题并且想要处理它的临界点。相比那些还没到临界点的人而言，人们一旦到了临界点就更有可能从 SST 中受益。尽管如此，除了想要处理这个问题，他们自己还需要想清楚，自己想要什么时候来处理这个问题。

来访者想要即刻处理这个问题

只有当来访者确定了真的想要人帮助自己现在就解决问题时，他们才算是做好了从 SST 中获益的心理准备。请回想一下我之前在第 11 个关键点里讲过的那个案例，薇拉是一位患有电梯恐惧症的女士，她承认自己有问题，除了花很多时间参加团体治疗外，她还有一搭没一搭地设法解决这个问题。但直到她得知自己的办公室马上要从 5 层搬到 105 层的时候，她才算是进入了那种迎接改变的准备状态。因为搬办公室就意味着她不能再通过爬楼梯的方式到达办公室，而必须搭乘电梯了。所以当她以这样一种准备状态去行动时，很快就走上了解决问题的必经之路——反复搭乘电梯直到自己不再害怕。

来访者愿意接受自己从一次咨询中获益的可能性

当来访者具备了上述三点，即使他们说自己想要立刻处理自己的问题，我们仍然不知道他们觉得有效解决自己的问题需要多长时间。如果他们愿意承认从哪怕一次咨询中也会获益的可能性，那至少可以从来访者的角度说，使 SST 成为可能的最后一个要素也齐备了。

咨询师的准备工作

在我看来，咨询师的准备工作包括咨询师的心理状态和实操技能。

咨询师的心理状态

SST 之所以成为可能，一部分原因在于咨询师自己相信它是可能的。我在第 14

个关键点讲到过 SST 的思维方式，因此，咨询师要在心理上进入准备状态，需要把握以下两点：

- 尽管需要续约咨询的情况确实存在，但在一次咨询过程中就帮助来访者解决掉问题也是有可能的；
- 咨询师要准备好竭尽全力与来访者一起实现这个目标。

实操技能

咨询师准备好应有的心态固然重要，但即便在咨访双方都准备好的情况下，咨询师具备适合 SST 的实操技能却是 SST 咨询能否有效的决定性因素。因此，当来访者想要“现在”解决问题的时候，咨询师有能力恰好运用来访者的这种准备状态，为其当即提供一次心理咨询是非常重要的。然而现在我们这个行业里，有太多时候，来访者已经做好了求助的准备，我们却只能把他们加入等候咨询的名单里，结果就是当来访者排上号能见咨询师的时候，他们已经不再处于解决问题的最佳状态了。这也是为什么我在这本书后面第七部分会讲到即时咨询服务——我们希望能在人们刚好需要帮助的那个时间点去帮到他们，而不是等到我们可以提供帮助的时间点再去帮他们。

总结

一边是来访者准备好了获得专业帮助，相信哪怕一次咨询也可能有效，一边是咨询师准备好了为来访者提供相应的帮助，并在来访者想咨询的时候能尽快安排，SST 的能量正是在这样的情形下得以被充分发挥。

27

优势导向的 SST

当人们就自己的问题而来寻求心理咨询时，他们其实是在暴露自己不太擅长的部分，暴露自己觉得是弱点的部分。传统意义的咨询师会帮助他们化解掉自己的弱势并发展出自己的优势。所以，如果他们问题的起因是不切实际的想法，那么咨询师就帮助他们发展出符合实际的想法。虽然“积极-指导的”方式的咨询师也会在SST中做类似的处理（见第21个关键点），但大多数SST咨询师会帮助他们的来访者去识别出自己已有的、能助其解决问题的优势。优势的定义是“能帮助人们去应对生活或能使一个人和其他人的生活更加满意”（Jones-Smith,2014:13）。在我看来，“优势”由个体内部的因素组成，而“资源”（见第28个关键点）是指个体外部的因素，二者有所区别。

对于来访者的优势，SST 咨询师和优势导向的咨询师有相似的看法（Murphy & Sparks，2018）。那就是：①他们相信来访者具有优势；②他们诱发来访者的优势；③他们将来访者的优势引入咨询方案中。

如何确认来访者的优势？

有些 SST 咨询师喜欢在面询之前和来访者先做咨询前交流（Dryden，2017）。这种情况下，咨询师就可以鼓励来访者提前完成优势的调查问卷，并在正式面询之前发送给咨询师。这样单次咨询时就可以用上问卷结果的信息，从而帮助来访者解决他们的问题。另一些不和来访者做任何形式咨询前交流的 SST 咨询师，则要靠直接向来访者询问来获得相关信息。下面是一些问话的示例：

- 你认为你的优势是什么？
- 你具备的哪些优势能帮你解决你的问题？
- 如果你在求职面试时被问到你有什么优势，你会说什么？
- 一个特别了解你的好朋友会说你有什么优势？

墨菲和斯帕克斯（Murphy & Sparks，2018）为 SST 咨询师给出了一些不错的问句，可以用来询问来访者复原力方面的优势（resilience-based strengths）：

- 你生活中发生了这么多事，你是如何做到每天坚持生活和工作的？
- 是什么使你一直没有放弃？
- 你是从哪里找到面对这些挑战的勇气的？
- 你是如何让事情没有变得更糟？
- 如果让你的朋友说说最欣赏你处理这个挑战的方式，你觉得他们会说些什么？

有时在SST中会发生这种情况，咨询师仅仅是鼓励来访者聚焦在自己"问题解决"的优势上，结果发现这种聚焦已经足以帮助来访者本人掌控整个过程并且解决自己的问题。在这种情况中，来访者只是和自己的优势失联了，只需要有人提醒一下他们拥有的这些优势，问题就会迎刃而解。因为他们自己很清楚要如何运用这些优势，并且很有信心自己能够做到。但在其他情况下，来访者需要咨询师协助他们弄清楚自己要如何运用这些优势去解决问题，甚至有可能的话，最好在这次咨询中演练一下。有时候，聚焦于来访者的优势固然重要，但还不足以帮助来访者解决问题，因为他们擅长"创造问题"（problem-creating）的弱势也需要被重视。这种情况下，来访者就需要咨询师帮自己也处理一下"弱势"，并且在可能的情况下，最好帮其将劣势转化为优势。

在我看来，以上这些情况告诉我们，作为 SST 咨询师，既要做好处理来访者弱点的准备，也要做好帮助他们运用自身优势的准备，而究竟需要用到哪种方法，我们只有与来访者开始工作后才会知道。和在其他地方一样，咨询师在这个问题上的灵活性也是促进来访者改变的重要因素。

28

外部资源的运用

在上一个关键点里我对优势和资源这二者做了区分。我认为来访者的优势是指个体内部的因素，而资源是指个体外部的因素。有句名言恰如其分地表明了来访者那些可用的外部资源在 SST 中的作用。它是这样说的："哪怕你一个人能做，你也不必独自去做。"这意味着，尽管来访者个人的内在努力是影响 SST 效果最重要的决定性因素，然而外部因素的辅助作用也不容忽视。

我举个例子来说明。曾经有位男士联系到我，说自己对母亲的去世感到非常悲伤，并且发现这种感觉对他作为一个男子汉的理想形象构成了威胁，他认为一个男子汉就应该"冷静而自控"，他因此非常痛苦。当他得知我可以提供 SST 服务后就报名登记了。作为这个项目的一部分，我和这位男士以电话的形式进行了 30 分钟的预咨询（pre-therapy），设置这个预咨询的初衷是帮助他从正式面询中收获最大化（Dryden，2017）。[1] 在这次通话后，我为他预约了两天后的正式面询。结果两天后他来见我时，看起来已经冷静了很多。当我和他提到这一点时，他给我讲了下面的故事。原来，在我们两天前通话之后，他和以前学校里的朋友们有个聚餐。就是在这次聚餐上，他鼓

[1] 这是发生在新冠疫情之前的，由于疫情，咨询都从面询转为了线上咨询。在疫情之前，我和来访者的单次咨询准备是通过电话进行的，但做咨询还是面对面的。在疫情期间，我会给来访者发送一份咨询前问卷（见表 49.1），这有助于他们为咨询做好准备，而咨询本身则是在线上进行的（例如，通过 Zoom）。疫情之后，我保留了发送咨询前问卷的方法，以帮助来访者为咨询做准备，而来访者可以选择和我是做面询还是做网络咨询。大多数来访者选择了后者。

起勇气和朋友讲了自己丧亲之后的悲痛感，以及自己在痛苦中的挣扎。然后他很神奇地得知，他所有的朋友们几乎毫无例外全都体会过这种悲伤情绪，并同样为此痛苦难受过。正因为他人的这些感受，让我的来访者意识到了重要的知识点：

- 在经历丧亲之痛这件事上，自己并不孤单；
- 自己大多数朋友也都在哀伤中苦苦挣扎过；
- 即使没有表现出冷静和自控，自己也仍然是一个男子汉；
- 冷静和自控并不是丧亲之后的健康反应。

我的来访者并不是在我的咨询中学到这些重要的经验教训，而是从同学聚餐时的朋友圈学到的。他建设性地使用了自己能找到的外部资源，在这次的例子中，外部资源就是他的那些老同学。

这个故事告诉我们，对 SST 咨询师而言，帮来访者识别那些他们自己能够调动出来的，进而帮助自己解决问题的资源是很重要的。这些资源可能包括：

- 来访者所认识的人，他们可能会在某些方面对来访者解决自己的问题有所帮助（就像上面我这个案例中来访者的那些老同学一样）；
- 来访者虽然不认识，但是可以向来访者提供帮助建议的人；
- 对来访者解决问题的努力可能会有用的服务机构；
- 可能提供对解决问题有用的信息的网站。

29

复杂的问题并不总是需要复杂的解决方案

心理咨询师理所当然地认为自己是专业人士。他们要经过专业训练和资质认可，要接受工作督导，还希望能跟上心理咨询领域的发展步伐。鉴于此，他们很容易把来访者的问题看得很复杂。这些问题可能是由多种因素造成的，包括个人内在的因素、人与人之间的因素、外界环境的各种因素相互交织，从而使问题持续至今。各个流派的咨询师现在都喜欢在个案概念化时采用视觉再现（visual representations）的方式来展现这些复杂的因素是如何交互影响的，以此来解释来访者的那些问题是如何发展出来的，以及为何一直存在的。

如果从复杂性的角度考虑，咨询师想当然地以为一个复杂的大问题必然需要一个复杂的解决方案。同样，一个复杂的大型解决方案必然要花很多时间去慢慢发展和实现。然而，所有这些想当然都与 SST 的理论和实践格格不入，并且，这些想当然通常也不是来访者想要的。那么来访者是想要复杂的方案还是简单的方案呢？我的经验是，只要方案有效，那他们就想要简单的。霍伊特等人（Hoyt et al., 2018b）也指出过这点。SST 咨询师尽管知道来访者的问题很复杂，他们却并不去寻找复杂的解决方案，而是去找简单有效的解决方案。这就使得 SST 咨询师和他们大多数的来访者保持了一致，都是去寻找高效的简单的解决方案，而这无关乎来访者的问题到底是复杂还是简单。

焦点解决取向咨询师的工作，就是寻找这种简洁高效的解决方案。这样一位咨询师会向来访者问出这样的问题：“你会注意到哪些迹象，是在告诉你，你已经开始解决你的问题了？”一旦明确了这个迹象，咨询师会接着询问来访者将如何利用这个要素。来访者和咨询师会以这种方式工作，直到来访者明白如何解决自己的问题。

可以想象，一个简单的解决方案比一个复杂的解决方案更容易被来访者记住。而来访者只有先记住这个方案，才有机会回去实施它。复杂方案固然会比简单方案更精准，但如果来访者回去就忘了，自然也就不会去执行这个方案了。

有些 SST 咨询师特别喜欢给来访者写备忘录这一技巧[1]，用来将双方达成一致要去行动的内容作为这次咨询的工作成果记录下来。对留家庭作业这个方法的研究也显示，相比不够清晰明了的家庭作业，来访者更可能在回家后去完成那些清晰明了的作业（Kazantzis, Whittington & Dattilio, 2010）。

我在本关键点最后为大家提出一个注意事项。我们说一个方案简单，并不意味着它就容易实施。举个例子，直面威胁在纸上谈兵的时候很简单，但真正在做的时候可能要忍受强烈的不适感。所以，尽管反复搭乘电梯是解决薇拉（详见第 11 个关键点）电梯恐惧症最简单有效的方法，但薇拉做起来很容易吗？远非如此！

---

[1] 还有些 SST 咨询师，包括我自己，更喜欢让来访者自己写备忘录。

30

千里之行，始于足下

SST 的目标并非治愈来访者，甚至也不是帮来访者达成他们想要的目标。在我看来，SST 最基本的目标是，促进来访者动起来。来访者之所以来做咨询，往往是因为他们被困住了。他们最不需要的就是有人煞费苦心地解释为什么他们被困住了，相反，他们更想要找到摆脱困境的方法。如果我的电脑宕机了，我并不需要我的 IT 顾问安东尼一味地给我讲解宕机的原因，我想要他做的其实是恢复我的电脑，好让我继续工作。

困在那里指的是一种来访者不再有建设性举动的状态。困在那里并不是没有行动，只是那些行动毫无建设性。困在那里不仅是被卡住不动的信号，还有可能会陷得更深。想象一下，比如，你正在雪地里开车，然后车陷在雪堆里了，你怎么办？你多半会加大油门想开出来，但结果常常适得其反——你陷得更深了。事实上，你越是猛踩油门，你就会陷得越深。所以你需要做点什么不一样的。如果你带着铲子，就会发现用铲子挖雪更容易让自己脱困。如果你没带铲子，也可以找别人来帮你把车推出来。一旦别人帮你从雪坑中脱困后，他们就可以靠边站了，因为后面你就能自己开车继续上路了。

我觉得接下来我分享的这种思考 SST 的方式更恰当。来访者被困住了，来借助咨询师的力量，由于咨访双方的共同努力，来访者后来摆脱了困境，此时咨询师靠边站，让来访者自己继续他们的生活。

由此看来，摆脱困境的最好方法就是去做点不一样的（O'Hanlon，1999），而 SST 咨询师又很擅长帮来访者寻找开始行动的落脚点，来访者由此出发，最终脱离困境。有可能来访者之前已经采取了有效措施，但他们自己忘记了，这种情况下，咨询师只要提醒他们继续做就足以帮助他们摆脱困境了。在其他情况下，有可能需要咨询师帮来访者发现一些自己以前没有尝试过但以后可能管用的措施。再不然，咨询师还可以直接建议来访者要采取哪些行动。总之，重要的是来访者能明白迈出开始这几步的价值所在，以及来访者能理解迈出这几步会带来改变。如果来访者能采取具有潜在建设性的举动，那他们很快就会发现这样做的结果。因为如果迈出的一小步是建设性的，那它就会鼓励来访者再迈出一小步，从而帮助来访者开启一个改变的良性循环。而如果这一小步不是建设性的，那相应的反馈也可以帮助人们退回去，重新思考，然后找到一个更有效的举措。套用一句古老的谚语，在 SST 中，咨询师帮助来访者发展出这样一种生活原则：“如果一开始你没成功，那就尝试点不一样的，并且一直尝试到你成功为止。”

100 KEY POINTS

单次咨询：100 个关键点与技巧

Single-Session Therapy (SST):
100 Key Points and Techniques

Part 3

第三部分

单次咨询的增效因素

31

意愿

计划内的 SST 和计划外的 SST 是不同的。计划外的 SST 是指，咨询师和来访者原本并没有打算只做一次会谈，但由于来访者（在第一次会谈后）取消了原本约定的后续咨询或干脆爽约而导致咨询实质上变成了单次咨询。正如我们在第 8 个关键点中所说，咨询师会消极地看待这种非计划内的结束，他们会用“提前终止”“未完成的治疗”或“脱落”这些词来描述这种情况。不过，我们也发现，在事后询问这些来访者时，他们中的大多数人对咨询表示满意，而且认为自己不需要咨询师的继续帮助了。这些来访者是很成熟理智地选择结束咨询的。在他们看来，咨询已经完成了，因此不算是“脱落”。更确切地说，他们给咨询画上了圆满的句号。虽然有一些来访者对第一次也是唯一一次咨询不太满意或觉得不太有帮助，但是大多数人还是满意的。

既然计划外的 SST 都能有效，所以计划内的咨询效用应该会更强。SST 的一个重要的有利条件就是有这样做的意愿。当咨询师和来访者双方都有做 SST 的意愿时，情况会如何呢？

咨询师的意愿

有 SST 意愿的咨询师会秉持并同来访者沟通这样一个想法：如果来访者能用心投入的话，咨询师就会竭力帮助他尽快解决问题，有可能在第一次会谈中就解决了。咨询师的 SST 意愿的核心要素是：①“撸起袖子加油干”，尽早进入工作状态；

②渴望尽快帮助来访者。咨询师会保证，如果来访者需要，可以提供后续会谈。然而，无论咨询师有多想要帮忙、有多努力工作，SST 的治疗效果只在来访者也具备类似程度的意愿时，才会发生。

来访者的意愿

有 SST 意愿的来访者同样会表现出对尽快解决自己问题的渴望。伴随这种渴望而出现的是来访者会在两个方面表现得很开放。第一方面的开放是指来访者愿意坦言以下内容：①问题；②目标；③想尽快解决问题的原因。在第 11 个关键点中，薇拉的表现就很开诚布公，但仅仅是在她为了某种原因要赶紧解决问题时才会如此。第二方面的开放是指来访者愿意去考虑一些可能的解决方案，并能从中选出最适合他们且最有可能快速解决问题的那一个。薇拉选了在自己设定的解决时间内唯一可行的解决方案。同样，是时间的紧迫感导致她对原本回避去做的事情保持了开放的态度。

总之，如果咨询师和来访者都有尽快解决问题的意愿，那他们在 SST 中就会有更多收获。

32

期待改变

1968 年是不平凡的一年，有关期望效应的心理学著作相继问世。罗森塔尔和雅各布森（Rosenthal & Jacobson，1968）出版了一本有关“课堂中教师的期望效应”的书，此书在该领域具有奠基意义。他们从研究中发现，虽然孩子之间本没有差别，但其中那些被教师期望能获得更好表现的孩子确实会比其他孩子表现得更优秀。同年，弗兰克（Jerome Frank，1968）发表了一篇有关期望在心理治疗中的重要作用的文章。他曾于 1961 年出了一本在心理治疗领域具有开创性意义的书，名为《劝导与疗愈》（*Persuasion and Healing*）。他还为塔尔蒙 1991 年出版的 SST 一书做过序。弗兰克在他 1968 年发表的文章中所陈述的基本观点是，心理治疗的结果在一定程度上取决于咨询师和来访者对于治疗过程的期望，以及来访者期望从中获得什么。

可见，促使 SST 取得成果的条件之一是咨询师和来访者对咨询过程的期望。若双方都对改变抱有期望，那改变就更容易发生。如果只是咨询师期望来访者能从咨询中获得改变，而来访者对此并不相信，那咨询工作就好像是咨询师拽着来访者走，而后者并不想跟上前者的步调。反之，如果来访者认为自己能从咨询中获得想要的，但咨询师并不这样想，那来访者就会觉得自己被咨询师耽搁了，并为此而感到挫败。

还有一点也很重要，那就是咨询师和来访者对 SST 抱有的期望应该是现实的。改变的确会发生，但却很少像米勒等（Miller & C'de Baca）所说的“量子变革”那样，产生一种强烈的、出人意料的、积极且持久的彻底转变。更可能的情况是，来访者对自己的困难情境有了一种不同的看法，或产生了某种程度的行为改变。

不过，即使咨询师和来访者都对 SST 抱有现实的期望，但咨询师若是急于让改变发生，可能也会适得其反。这是因为过度关注咨询结果反而损害了咨询过程。

综合上述谈及的所有因素，在这部分讨论中，我们认为能促进 SST 的最有利条件是：咨访双方都对 SST 的成果抱有现实的期望，并通过努力去实现；要专心于目标实现的过程而不要过度关注目标本身。

33

澄清

英国广播公司（BBC）有一档名为《学徒》（*The Apprentice*）的真人秀节目，英国商业巨富洛德·休格（Lord Sugar）向为期 12 周竞赛中的获胜者提供 25 万英镑的投资，并会成为其所提出的商业项目的合作伙伴。参赛的人是一群有抱负的创业者，他们在一组商业挑战任务中进行角逐。从节目中我们可以看到，洛德·休格对参赛者清晰地表达了自己的意思，让他们能确切地知道任务的实质以及对他们的期待是什么。

SST 咨询师在工作中的任务之一就是要非常清晰地表情达意。如果咨询师做不到这一点，那就可能会给来访者带来困惑，而一个困惑的来访者无法在 SST 中获益。对此，来访者自己却意识不到。为了做到清晰明确，一个优秀的 SST 咨询师不会怯于陈述那些显而易见的事实。在 SST 中，咨询师清晰明确的目的是促进来访者的理解。鉴于此，以下几点可以帮助咨询师更好地澄清自己的意思：

- 咨询师用来访者能跟得上的语速说话；
- 咨询师把信息“分块”表达，以便于来访者理解其内容；
- 咨询师不是用单调的方式交谈，而是能通过语音语调的变化来传达意思。

整个咨询都需要咨询师做到清晰明确，尤其是在以下三种情境下：

① **当咨询师告知来访者 SST 是如何工作时**。告知来访者这些内容，可以帮他们了解自己所处的位置，有助于他们感受到足够的安全，这样他们才能完全参与到咨询中。因此，如果咨询是单次的，就要清楚地告诉他们这一点。如果之后还可以

有多次会谈，同样也要告知他们，同时也不要因此而影响单次会谈的咨询效果。以下是咨询师在此情境下的一种表达示例：

> 如果你和我都愿意全力以赴，我们就可以帮助你在本次会谈中实现咨询目标。不过，如果你需要的话，我们也可以增加咨询会谈的次数。我们基于这一原则开展咨询，你觉得可以吗？

② **当来访者计划做出一些行为改变时**。此时，咨询师要在此问题上进行澄清，促进来访者明确自己具体要做什么。这一点很重要。

③ **当咨询师对到目前为止的咨询工作做出阶段性小结时**。这些总结可以防止咨访双方跑题，同时可以确保双方对咨询的进度和接下来的进展方向达成共识。

34

有效的咨询结构

正如我在第 13 个关键点中所谈到的，时间是 SST 的一个要素，咨询师和来访者对时间的利用往往决定了单次会谈的结果。通常来说，会谈需要有一个结构，以便能完成某些关键任务。不过，这并不是说 SST 咨询师必须遵循一个固定的结构，而是说，咨询师和来访者要一起有序地完成某些任务。要注意的是，有些来访者能较好地适应高度结构化的会谈，而有些则喜欢有调整余地的、灵活一些的会谈。

有效会谈结构的要素

下面要列出的是结构化良好的咨询会谈的要素。此处，我们只做一个简要介绍，整体了解一下它们是如何形成咨询结构的，而其中的一些点，将会在其他章节里做更深入的探讨。

将当次会谈视为一个完整的咨询且咨访双方都明确同意这一看法

虽然咨询师和来访者都知道他们可以增加会谈次数，但如果他们都能把当下的这次会谈看作是一个完整的咨询，就能促使会谈更加结构化。对这一点，双方必须认可并达成一致。然而，如果他们把当次的会谈视为一系列会谈的开端，即便这一系列会谈是短程的，当次会谈的焦点结构也会受到破坏，进而削弱 SST

的效力。

依据可用时间做出会谈计划

在第 20 个关键点中，我提到了单次会谈的时间长短是可以变化的，咨询师要能根据可用的时长来计划当次会谈。但这一能力的形成需要经验的积累，对于刚刚接触 SST 的咨询师而言，他们通常会由于无法控制好会谈节奏而在临近结束时匆忙收场。尤其是在会谈刚开始时，他们往往花费太多时间让来访者自由地叙述自己的故事。不过有了督导和经验的积累，咨询师能够学会鼓励来访者进行有重点地表达，这样双方就可以更好地利用时间，会谈也能更加结构化。

确定并保持聚焦一个点

当来访者就一个特定问题来寻求帮助时，SST 的咨询效果最好。如果来访者带来的问题不止一个，咨询师就要帮助他去选出他想要重点关注的那一个。一旦确定了，咨询师就要帮来访者把关注点保持在这一焦点问题上。

以目标为导向

当咨询师和来访者都知道他们要朝哪个方向努力时，SST 的咨询效果最好。因此，咨询师要让来访者在整个会谈过程中都保持目标导向。在下一个关键点，我将对此做更充分的阐述。

创造解决方案并进行方案预演（如果可能的话）

所谓“解决方案”，是指能帮助来访者有效地解决其问题，让来访者感到不再需要寻求帮助的方案。若咨询师能在会谈中帮来访者对此方案以某种方式进行预演，就能提高来访者在现实生活中实施这一方案的可能性。

阶段性小结

理想情况下，咨询师应该对会谈中所做的工作进行小结，并且应该时常这样做，以确保双方都在正轨上。会谈结束时，咨询师应该请来访者总结他们在会谈中的收获。

结束会谈

会谈的最后一个部分是结束。除了来访者的总结之外，咨访双方还应该达成一些共识，如：

- 不进行后续会谈；
- 不进行后续会谈，但会在指定日期进行一次追踪回访；
- 来访者对本次会谈内容充分“消化”并实施解决方案后，如果仍有需要，再约会谈；
- 商定下一次会谈时间。

综上，SST 的有效会谈结构的特点是：有一个明确的开始、一个清晰的结束和一个有逻辑的中间过程。

35

有效的目标设定

我们在第 18 个关键点中说过 SST 工作是目标导向的，并从沙泽尔（Shazer，1991）的研究中得出来访者给出的有效咨询目标应该是：

- 对来访者而言很重要；
- 是小目标而不是大目标；
- 可以表述为具体行为的目标；
- 在来访者的现实生活中可以实现的目标；
- 来访者认为实现目标需要自己付出努力；
- 来访者能将其视为“某事的开端”而不是“某事的结束”；
- 有新的感受和（或）新的行为的出现，而不是已有感受和行为的消失。

当来访者被问及在 SST 中的目标时，他们的回答可能是模糊而笼统的（例如：“我想开心起来”），或者是问题状态的消失（例如：“我想不焦虑”），又或者是积极状态的出现（例如：“我希望能变得自信”）。对此，咨询师要快速且有效地进行如下回应：

① 尊重来访者最初的目标表述；

② 帮来访者把目标具体化；

③ 询问来访者希望在会谈结束时变成什么样，能使他们无需进一步的会谈，独

立处理问题。

帮助来访者设置一个与其困境相关的目标：个性化方法

来访者通常是由于遇到了困境才来做 SST 的。来访者需要先有一个良好的心态，才能有效地解决困难。困境是负面的，来访者因此产生负面感受也是正常的，这种负面感受会促进而不是阻碍问题的解决。咨询师要做的是帮助来访者阐释这种情绪，正如下段我与来访者之间的一段交流中所做的那样。在 SST 咨询中有很多目标设定的方法，以下对话展示了我自己在遇到来访者需要有效应对困境时所用的目标设定方法：

温迪：所以，你很担心公开演讲，担心自己会说出些蠢话。是这样吗？

来访者：是的，正是这样。

温迪：你觉得这种焦虑会对你的演讲成功有帮助吗？

来访者：不会。

温迪：那你的目标是什么？

来访者：嗯，我想自信地演讲。

【这是来访者常见的一种反应。来访者把目标设定为对于情境（即：做演讲）抱有一种正性情绪状态，而不是在困境（即：演讲中说了蠢话）中有正常的负面情绪。】

温迪：对于说蠢话的焦虑感，能帮你建立对做公开演讲的信心吗？

来访者：不能。

温迪：那如果我来帮你只关注演讲，不再因怕说蠢话而焦虑，这会有助于你建立信心吗？

来访者：会吧？

温迪：如果我在这次会面中帮你做这件事呢？

来访者：那太好了。

【这样我就帮助来访者建立了一个正常而现实的解决困境的目标，而后来访者就会有一个良好的心态去建立自信。当我们这样做以后，来访者通常能像这个案例一样，自己建立起信心。】

在 SST 中，在与访者进行目标设定上花些时间是值得的。

36

咨询师要运用专业知识，而不是成为专家

我在第 23 个关键点中谈到 SST 是以来访者为中心的，是来访者驱动的。在 SST 领域内，人们普遍认为单次咨询工作要专注于由来访者带来的、能帮他们达成目标的技能、能力和优势。而咨询师要具备的是咨询才能（即能力与技能）以帮助来访者做到如下几点：

- 找到他们的技能、能力和优势；
- 找到它们与达成目标之间的关联；
- 选择找出能运用这些技能、能力和优势去实现目标的路径；而且，SST 咨询师还得快速而清晰地完成这些工作。

霍伊特等人（Hoyt et al.，2018b:15）曾对此做过有力的阐述。SST 咨询师的角色，“主要是利用咨询专业知识去帮助来访者更好地利用他们自己的知识来解决问题”。SST 咨询师的这种促进作用在该领域的文献中占主导地位，霍伊特等人（Hoyt et al.，2018a）的研究证明了这一点。我把这样的咨询流派称为“建设性的”流派（见第 19 个关键点）。在这样的流派中，我们认为来访者拥有解决其问题所需的一切，而咨询师的基本任务就是让来访者认识到这一点并采取行动。

虽然咨询师可以从多种不同的流派中找到不同的方法来实施SST（见第21个关键点），但SST领域内的主流观点对本书所提到的“积极-指导的”流派持保留态度。例如，霍伊特等人（2018b:19）对这些“积极-指导的”流派的描述如下：

改变主要是由咨询师对问题形成判断（“来访者是怎么卡住的？”），然后提

供咨询师认为所需的解决办法——无论是洞见、解释与指导，还是特定技能训练，抑或通过悖论行为指令来消除人际关系问题等。

在我看来，相比于“建设性的”流派的咨询师，“积极-指导的”流派的SST咨询师（例如：认知行为治疗、理性情绪疗法、精神动力、完形治疗）更可能就来访者的问题及如何解决问题提出自己的观点。一个有效的积极-指导型SST咨询师会询问来访者对问题的看法和可能的解决方案。如果来访者的观点是无助于问题解决的——尽管这是咨询师的看法——咨询师就会解释为什么他们会这么想，同时提供另一个观点供来访者重新思考。如果来访者认可后一个观点，咨访双方就由此继续推进咨询。如果不行，双方就要对此展开进一步的讨论和协商。

我认为 SST 是来访者和咨询师双方对咨询所做贡献的融合。其中咨询师能做的工作，我认为应该是多元化的。SST 咨询师当然要力图调用来访者的才能，并鼓励他们使用其才能来实现目标。然而，SST 咨询师也应该分享一些来访者不知道的事情，或者提出一种对来访者而言全新的方法。这些事咨询师都可以做，也就是要“亦此亦彼”，而不是“非此即彼”。这样的话，咨询师就能分享他们的专业知识而不是扮演“专家”角色，因为“专家”这个角色的存在反而会削弱来访者自身的力量。正如谢尔登·科普（Sheldon Kopp，1972）对咨询师建议的那样：让你的来访者看到，虽然你有专业知识，但你并不是什么大师，你也只是普通人。

37

对 SST 咨询师有帮助的观念

塔尔蒙（Talmon，1990：134）在他关于 SST 的重要著作的结尾列出一个“对 SST 咨询师有帮助的观念清单”。我把表中所列的观念分成了四组（见表 37–1），本关键点将对这四组观念进行探讨。

表37-1　有助于SST咨询师开展工作的四组观念

会谈的效力与完整
就是它了
把每次会谈视为一个完整的咨询
你拥有的是现在
这就是全部
聚焦此时此刻和探索未来
SST 无处不在
咨询在第一次会谈前就开始了，也将在会谈结束后延续
对会谈外的自发改变感兴趣
咨询不是一锤子买卖，而是发生在来访者的整个生命过程中
生活处处有惊喜
生活比咨询更能帮到你
时间、自然和生活是最好的疗愈师
缓慢、稳定、谦虚
一步一步来
不必着急、不做无用功
小的改变可能就足够了
即使你不是全能的，也能帮助到来访者

续表

乐观 力量存在于来访者自身 来访者的能力是无法估量的 期待改变，改变就已经开始了

注：修订和扩展自塔尔蒙（Talmon，1990）。

会谈的效力与完整

当咨询师去关注会谈本身及他们要如何看待会谈时，其态度就大体围绕在会谈的效力与完整上。埃米纳姆（Eminem）在他的歌曲《迷失》的介绍中问道：如果你只有一次机会，你会怎么做？毫无疑问，SST 咨询师会回答："抓住这个机会。"关于这一点，值得一提的是，第一届和第二届 SST 与非预约咨询的国际会议的标题分别就是"抓住片刻"和"抓住片刻 2"。SST 的这一独特性使它具有咨询效力。但这组观念也表明了 SST 具有完整性。单次会谈本身就是一个完整的咨询。即使之后可能还会有更多会谈，但在那一刻，我们所拥有的就是那一次。

SST 无处不在

刚刚说的是对会谈本身的观念，现在要说的第二组观念，我称之为"SST 无处不在"。我们一定要把咨询放到其所在的情境中去考虑。SST 是嵌入在来访者短期及长期的生活中的，会谈中创造的改变会在会谈之外继续延伸发展。SST 咨询师如果不具备这些态度，就无法意识到生活其实会给来访者提供进一步改变的机会，而咨询师可以帮来访者去留意并好好利用这些机会。

缓慢、稳定、谦虚

当我第一次听说 SST 时，脑中出现的画面是一个技术浮夸的、大师模样的咨询师在来访者身上引发了一场量子变革。但是，事实远非如此。更准确地说，“缓慢、稳定、谦虚”这一组观念让我们看到 SST 咨询师其实是有耐心、脚踏实地、有条不紊、谦虚……而且专注的。

乐观

咨询师所具备的恰到好处的谦虚，是与他们对 SST 所抱持的乐观态度紧密相关的。这些态度被归类到“乐观”这一组。

我们概括一下，SST 咨询师把 SST 看作是一种咨询师与来访者合作的咨询方法，它是具有情境性的、强有力的、冷静而乐观的咨询师能够利用来访者本身所具备的优势，促发出微小却重要的改变。

38

“优秀的”SST 咨询师的特征

塔尔蒙（Talmon，1993：128-129）在 SST 来访者指南中提出，优秀的 SST 咨询师应该做到：

- 倾听、理解、与来访者建立良好关系；
- 帮助来访者区分哪些问题是可以解决的、哪些是无法解决的，并聚焦于前者；
- 识别并放大有用的改变及来访者的优势；
- 有效并高效地移除目标实现道路上的障碍。

我自己做 SST 时使用的方法，名为“单次整合认知行为疗法”（SSI-CBT）。我曾列出了有效能的 SSI-CBT 咨询师应该具备的特征（Dryden，2017），其中大部分也是一个优秀的 SST 咨询师应该具备的，这些特征具体如下：

能耐受来访者某些信息的缺失

我们都知道，SST 的一个本质特征就是聚焦。既然要聚焦，咨询师就没有时间去了解所有相关细节，也无法像在长程咨询中那样去获取尽可能多的信息。因此，一个优秀的 SST 咨询师，即便他很想了解来访者的更多情况，也要保持克制，要接纳某些信息的缺失。

能快速与来访者建立联结

在 SST 中，重要的一点是咨询师要能与来访者建立联结。通常，我们可以通过尽快聚焦于来访者的问题和（或）聚焦于来访者对咨询的期待来建立联结。通过探知来访者的优势和其他能有效地帮助来访者的因素，SST 咨询师可以更高效地与来访者建立关系。因为他们关注的是来访者的特点，而不仅仅是他们的缺点。此外，SST 咨询师可以用自己的行为让来访者看到，自己很想尽快帮助他，这也能促进咨询师与来访者之间快速建立联结。

能成为一个“真正的变色龙”

我已故的朋友兼同事阿诺德·拉扎勒斯（Amold Lazarus，1993）在心理治疗文献中引入了“真正的变色龙”这个概念，用来描述一个“优秀的”SST 咨询师所具备的特征。这样的咨询师能够对不同的来访者表现出不同的人际风格，能够敏锐地判断出哪种风格适合哪种来访者。那些对所有来访者都保持一贯风格的咨询师当然也可以做 SST，但我相信那些人际关系比较灵活变通的咨询师所提供的 SST 工作会更加有效。

灵活且拥有多元化观点

正如我在第 14 个关键点中提到的，我们最好能把 SST 当成一种思维方式而不是一个具体的咨询方法，这样我们就能把不同的方法运用于 SST 工作中。因此，当咨询师在进行 SST 时，就可以用他自己的方式去工作。不过我认为优秀的 SST 咨询师要能在 SST 的实践工作中保持灵活和多元化（Cooper& McLeod，2011）。这种灵活与多元化可表现在以下几个方面：

• 认可 SST 的咨询方法不止一种。优秀的 SST 咨询师会根据来访者的情况使用不同的咨询方法，无论这种方法是不是自己喜欢的。

• 工作中使用“亦此亦彼”，而不是“非此即彼”的视角。

- 像第 27、第 28 个关键点所述的那样调用来访者的优势和资源。
- 让来访者在每个阶段都充分参与。

要思维敏捷、反应迅速

一些咨询师喜欢放慢节奏，随着进程的发展不紧不慢地推进咨询。对这些咨询师而言，SST 工作是很有挑战性的，因为它需要咨询师有敏捷的思考反应能力。拥有这样的认知天赋并能抓住机会发挥这份天赋的咨询师往往能成为有效能的 SST 从业者。不过，有一些 SST 咨询师，尤其是那些与家庭工作的咨询师，是在观察团队的支持下开展工作的。他们会在咨询中安排一次暂停作为“思考时间”，对会谈的情况进行沉淀并与同事协商制订干预方案。

能帮助来访者快速聚焦

SST 的效力如何取决于咨询师能否协助来访者找到一个有意义的工作焦点。如果找不到这个焦点，SST 工作的效力就会被显著削弱。所以，那些能协助来访者快速但非仓促聚焦的咨询师，往往能在 SST 中做得很好（见第 54 个关键点）。

能使用隐喻、格言、故事和意象并能做出调整使之贴合来访者情况

理想情况下，SST 进程应该对来访者产生情绪上的影响。一般的治疗性对话可以实现这一点，但是如果 SST 咨询师能使用恰当的隐喻、精炼且切题的格言、适宜的故事和一些意象（由来访者自己形成的或由咨询师提出的），就可以增强这一影响。我们通过使用这些方法把咨询要点进行概括压缩，便于记忆，以使来访者在咨询结束后还能记起它们。相比于只能用直白的言辞进行交流的咨询师，那些能轻松运用这些方法的咨询师可能更适合 SST 的实践工作。

39

SST：该做什么

我曾提过 SST 的实践工作是灵活且多元化的，这一点我将在第 42 个关键点做进一步阐述。但不得不说，SST 工作中确实存在着一些大家公认的准则。本关键点将简述准则中规定的我们应该做的是什么，而下一个关键点将会介绍我们不该做的是什么。此处只是以列表形式把要点都罗列出来，因为其中的大部分在本书其他部分都做了详细说明。而我之所以要用这种形式将它们呈现出来，是为了让大家看到，总体而言，SST 工作中哪些事是我们希望要做到的（该部分将在本关键点中探讨）、哪些事是我们要避免的（该部分将在下一关键点中探讨）。以下所列条目收集自不同学者的研究，如布卢姆（Bloom，1992）、塔尔蒙（Talmon，1990）、保罗和范奥默伦（Paul & van Ommeren，2013）以及德莱登（Dryden，2017）。

• 快速使来访者参与进来。

• 清楚为什么要做咨询，哪些是我们能做的、哪些是不能做的。

• 谨慎推动。作为咨询师，你所做的事应该能促进来访者变好而不是让来访者陷入消极被动。

• 聚焦，并帮助来访者保持聚焦。

• 为了保持聚焦，在有必要时可以打断来访者的谈话。提前打好预防针，并取得来访者的同意。打断来访者时要注意策略。

• 从来访者的角度引发问题[1]。

---

[1] 这可能不适用于焦点解决 SST 咨询师。

• 评估问题[1]。

• 引发来访者的目标 / 对未来的期待并保持聚焦于此。

• 如果可能的话，找到目标背后的价值。当来访者能意识到自己目标的价值时，即便过程是艰难的，也会尽力追求目标。一旦发现了与 SST 有关的价值，就要促使来访者在会谈中和会谈后都记住这一点。

• 询问来访者准备如何付出以达成目标 / 未来的期待。

• 尽可能通向未来。

• 在适当的时候，解释你们正在做什么。

• 鼓励来访者尽量具体一些，但也要留意有时要概括一些。

• 找到来访者的内在优势并鼓励他们去发挥优势。

• 识别来访者的外部资源，鼓励他们在适当的时候使用资源。

• 寻找曾做过的解决问题的努力与尝试。充分挖掘并利用成功的经历，避免重复不成功的经历。

• 识别并留意来访者的学习风格。

• 善用提问。要给来访者回答问题的时间，确保来访者回答了你的问题。

• 确认来访者理解了你的重要观点。

• 识别并回应来访者的疑虑、疑惑与质疑（包括非语言的）。

• 寻找能对来访者产生情绪影响的方法。但不要急于求成，因为那样会适得其反。

• 尽量让来访者从会谈中得到有意义的收获，并形成将其付诸行动的计划。

---

[1] 同样，这可能不适用于焦点解决 SST 咨询师。

• 如果可能，在会谈中预演解决方案。

• 请来访者进行阶段性小结，以使咨询进程保持在正轨上并维持前进的动力。如果来访者难以完成，则由咨询师进行小结。

• 在结束前，让来访者总结会谈情况及他从会谈中获得了什么。如果有必要的话，要明确来访者遗漏了哪些要点。

• 做好收尾工作。

• 讨论后续会谈的可能性。

• 安排追踪回访。

40

SST：不该做什么

本关键点我们将探讨在 SST 中哪些事是咨询师要避免的。同样，这些内容也是收集整理自布卢姆（Bloom，1992）、塔尔蒙（Talmon，1990）、保罗和范奥默伦（Paul & van Ommeren，2013）以及德莱登（Dryden，2017）等人的研究。

- **不要过度追问过去。**在电影《鬼镇》中瑞奇·热维斯（Ricky Gervais）扮演了一位愤世嫉俗的纽约牙医。他因为肠道不适而去看急诊。当接待员问及他的过往史时，他的回答是“这与此无关”。这对 SST 咨询师是一个提醒，只要询问与来访者所关注的内容相关的问题就可以了。咨询师没有时间，也没有理由去把来访者的过去搞得那么清楚。

- **不要让来访者没有重点地泛泛而谈。**如果你让来访者自己随心所欲地说，那他们通常会讲得很笼统。而 SST 的时间是很宝贵的，这样不聚焦的谈话会让来访者在单次会谈中收获寥寥。SST 需要具体且聚焦。

- **不要花太多时间在非指导性的倾听上。**通常，咨询师在受训时都会被告知要在咨询开始阶段多给来访者一些时间，让他们用自己的方式诉说，而咨询师要专心且不带评判地倾听。虽然在 SST 中倾听也很重要，但是咨询师不带评判地专注倾听的前提是，来访者在谈的是他们最关心的事。这样咨询师就可以避免在非指导性的倾听上花费太多时间。

- **不要脱离 SST 工作去建立融洽关系。**正是由于以上几点，SST 的批评者提出质疑，他们认为咨询师需要多次会谈才能与来访者建立良好的关系，之后才能谈论问题和解决方案。但 SST 咨询师可不这么认为。研究也表明，SST 咨询师能够与来访者建立稳固的关系，他们也确实做到了（Simon et al., 2012）。

• **不要评估不相关的事。**诚然，不是所有的 SST 咨询师都做问题评估，但对于那些做问题评估的咨询师而言，要记住别去评估那些虽然有意思但却与工作重点无关的内容。在 SST 实践工作中，我通常会花很多时间进行问题评估。对我来说，搞清楚来访者所面临的困境以及他们如何无意识地维持了困境是很重要的。不过，评估必须是聚焦的，无需收集任何不必要的数据（Dryden，2017，2018a，2022a）。

• **不要做复杂的个案概念化。**个案概念化需要咨询师和来访者一起探索，获得对个案的整体理解——找到导致问题发生、发展和顽固的因素，以及它们之间的关联。这项工作确实有价值，但是在 SST 中，咨询师没有时间去做这些。所以我才说 SST 要做的是评估，而不是概念化（Dryden，2017，2022a）。正如我在第 3 个关键点中说到的，这对 CBT 咨询师是一个挑战，他们会觉得在没有个案概念化的情况下很难进行干预。

• **不要催促来访者。**在 SST 中，时间宝贵这一点并不意味着咨询师要催促来访者。事实上，这样做通常是无效的。我常常会举阿森纳足球运动员梅苏特·厄齐尔（Mesut Özil）的例子，他很高效，但并不匆忙。

• **不要以为来访者明白你在做什么及为什么要这样做。**咨询师容易误以为，如果来访者的非语言信息表现出他们明白咨询师在做什么以及为什么这样做，那他们就是真的明白了。优秀的 SST 咨询师不会有这样的假设或期待，他们宁可谨慎一点，向来访者说明自己在做什么以及为什么这样做（见第 33 个关键点）。

• **不要问太多问题。**SST 咨询师通常会问许多问题，但是也要有耐心。如果来访者无法很快给出回答，咨询师就要避免问过多问题。在之前的内容中我们也说过，优秀的 SST 咨询师要给来访者思考的时间。

• **不要把来访者晾在一边。**在连续咨询中，会谈结束时会有一段时间让来访者自我思考。有时，创造这样的张力可以促使来访者独立思考以达到良好效果。但是，在 SST 中最好不要这样做，因为有个完整的结束、不留未完成的工作，这些才是富有成效的 SST 会谈的特征。

41

对 SST 有利的环境

治疗不能脱离实际，说到有利于 SST 的技术条件，就要谈谈它发生的环境背景。那么，什么样的环境背景对 SST 有利呢？

供给与需求

如果一个机构雇用的咨询师可以满足来访者的咨询需求时，该机构就不会提供 SST。只有当机构提供的咨询满足不了需要时，才会想到要做 SST。有一所大学就是因为咨询预约已经排到了六周后，所以才找我帮他们以 SST 思路重新设计了咨询服务。

积极的组织因素

一个咨询机构中 SST 是否能发展壮大取决于许多积极的组织因素。

培训

如果机构能给咨询师提供较恰当的 SST 理论与实践培训，并鼓励他们对 SST 抱有自己的看法或质疑时，就能促进 SST 在该机构中发生并发展起来。相反，如果机构没有提供培训或只提供了粗浅的培训，不鼓励咨询师对 SST 进行质疑和争论，那 SST 就很难发展起来。

团队的积极态度和支持

如果咨询师团队感到他们是被迫接受SST的，那他们就会产生不满或抵触。所以，需要他们赞成引入 SST 才行。通常当 SST 较为符合他们的核心咨询理念和实践时，他们会赞成采用 SST（Weir et al., 2008）。此外，塔尔蒙（Talmon，2018：150-152）也指出，当咨询师有团队支持，并积极参与培训和研究时，SST 更可能蓬勃发展。

在澳大利亚的维多利亚州进行的关于 SST 工作的研究显示，团队的支持可以促进 SST 工作的实施，而 SST 实施的本身也能鼓舞团队成员的士气（Weir et al.,2008）。

组织支持

虽然工作团队层面的支持对于 SST 的实施和持续有重要的作用，但如果没有组织层面的积极支持，SST 的发展也是难以维系的。这些支持包括行政、督导、顾问等方面。

督导

当咨询团队接受过 SST 培训后，应由具备该服务模式实践与督导经验的督导师对团队的 SST 工作进行定期督导。让那些虽有长期督导经验但缺乏丰富 SST 实践经验的督导师来负责 SST 工作的督导是不合适的。原因如下：首先，这类督导师缺乏SST的思维模式，而这种思维模式对SST的实践而言很重要（参见第 14 个关键点）。其次，由于缺乏 SST 实践经验，他们无法真切理解这项工作，也无法基于自身经验为受督导者的 SST 工作提供帮助。人们不会期望由一位缺乏伴侣咨询经验的督导师来督导伴侣咨询，那么，又怎么会接受让缺乏 SST 经验的督导者来督导 SST 工作呢？

SST 与咨询师的收入

如果咨询师的收入不是按咨询时数计取的话，那他们更有可能采用 SST。私人执业的咨询师在采用 SST 时，通常比较关注收入问题。塔尔蒙（Talmon，1990）认为私人执业的咨询师会考虑对 SST 收取比普通咨询更高的费用。跟连续咨询中的每次会谈相比，SST 可能会更贵一些，但是它还是比连续咨询的整个疗程要便宜。

42

SST 的多元性

我曾在本书前面的内容中提到，SST 具有多元性的特点（见第 1 个关键点）。我认为秉持多元化的观点可以让 SST 更富有成效。

什么是多元化？

我们可以把多元化定义为这样一种哲学观：对一个实质性问题的回应可以是多样的，它们都有道理，却也彼此矛盾（Rescher，1993：79）。这表现了对多样性的重视，以及对包罗万象的单一“真理”的质疑，关于这一点我曾做过论述（例如：Dryden，2018b）。

与 SST 相关的多元化原则

以下是几条与 SST 相关的多元化原则：

• 对于来访者的问题与解决方案的理解，并不存在一个绝对正确的方法——对不同的来访者而言有用的方法是不同的。

• 对于 SST 的咨询工作，并不存在一个绝对正确的方法——不同来访者的需要是不同的，因此 SST 咨询师需要有广泛的咨询技能。

• 采用“亦此亦彼”而不是“非此即彼”的观点，也许能部分解决 SST 领域中的争论和分歧。

• SST 咨询师要能尊重其他咨询师的工作并认可其工作的价值。

• SST 咨询师最好能接纳并赞美来访者的多样性和独特性。

• 来访者最好能在 SST 中全程都充分投入。

• 最好能充分了解来访者的优势、资源以及在哪些方面有困难。

• 学习 SST 有很多途径，包括：研究、个人经验和理论。SST 咨询师最好能对这些知识都保持开放的态度。

• SST 咨询师要对自己的理论和实践工作抱有批判的态度，要能站在一个特定的位置上去看待自己所做的工作，要有退一步审视它的能力。

SST 中多元化实践的例子

塔尔蒙（Talmon，2018：153）提供了在 SST 中一些很不错的多元化实践的例子，并称之为 SST 的“动力极”（dynamic poles）。他指出，这些例子看似包含了两种相悖的观点，但我们应该用“亦此亦彼”而不是“非此即彼”的观点去理解它们：

• 通过共情式倾听并质疑其中的问题元素的方式来澄清来访者所述的故事。

• 提升来访者的希望感和现实的乐观主义，同时也要帮助他们接纳残酷的事实。

• 在会谈中，对某个部分进行“中立性的”（neutral）（有时是被动的、沉默的）倾听，而在另一个部分则进行积极而聚焦的提问。

• 在会谈的某一点上表现出非引导性，而在其他时候给出指令性的方向。

此外，我还想补充一点：对于有的来访者而言，重要的不是问题评估、目标设定或找到解决方案，而是有机会按自己的方式和节奏去说上一个小时，并且能得到咨询师的理解。

43

“优秀的”SST 来访者的特征

在第 38 个关键点中，我概述了一个“优秀的”SST 咨询师应具备的特征。当咨询师具备这些特征时，SST 的成功概率就会增加。在本关键点中，我将概述“优秀的”SST 来访者应该具备什么样的特征，并用同样的方法来说明拥有这些特征的来访者为何能在咨询中有更多获益。

马伦等人的研究

马伦等人（Malan，et al.，1975）研究了 44 名来访者的治疗机制，这些人在塔维斯托克诊所做了初诊但未曾接受治疗。研究数据表明，在 SST 中获益最大的是这样的来访者，他们：

- 拥有洞察力；
- 有自我分析能力；
- 能处理自己与他人的情感；
- 处于正常的成熟与成长水平；
- 有一段治愈性关系，尤其是婚姻；
- 能为自己的生活负责；
- 能打破自己和环境之间关系的恶性循环；
- 能从真诚的安抚中受益；

• 能从经验中学习。

塔尔蒙（Talmon，1993）在他的 SST 来访者指南中指出拥有以下特征能使来访者在咨询中获得最大收益。“优秀的”SST 来访者通常是：

• 把自己的问题视为一次挑战；

• 能直面问题；

• 能为自己的问题负责，寻找可能的解决方案；

• 聚焦于可立即实施的可行方案；

• 珍视自己所拥有的复原力、同情心和宽容心；

• 支持“如果还能用，就不必修理”的观点。

我在《基于认知行为疗法的单次咨询》（Dryden，2017）一书中罗列了更富有成效的来访者特征，我觉得这些特征大体可以帮助来访者在 SST 咨询中获得最大收益。因此，我认为“优秀的”SST 来访者应该是：

对 SST 的效果抱有合理的期待

如果来访者能比较现实地看到 SST 能做到什么及不能做到什么，就有助于咨询的开展。而如果来访者对 SST 抱有过高或过低的期待，那就会影响咨询的进展。

做好了处理问题的准备

当来访者做好了处理自己问题的准备时，SST 才能发挥最大效用。所以，在来访者需要的时候再提供咨询，这一点很重要。当咨询师和来访者双方都准备好时，才能把 SST 利用到极致。如果来访者没做好处理问题的准备，那即使咨询师技术再高明、准备得再充分，咨询也无法产生任何有意义的效果。

愿意充分投入

当来访者能在咨询过程中积极参与而不只是被动接受咨询师的观点时，SST 才能更有效。

能聚焦并清晰地阐述要解决的问题及相应的目标

如果来访者从 SST 中得到了一些有意义的收获，并能将其运用到自己的生活中去，让生活发生改变，那咨询师的工作就完成了。不过，只有当来访者能清楚地知道自己想获得什么帮助，能明确自己的目标，并能聚焦于此的时候，这一状况才可能发生。

能把从会谈中得到的收获付诸实践

如果只学不做，那对来访者而言 SST 就只是一次有趣的体验。当他们能把会谈所得付诸实践时，才能真正从中获益。

能在会谈中练习解决方案

要想让自己的解决方案在实际生活中产生更好的效果，来访者就要在会谈中对方案进行练习。

能使用隐喻、格言、故事和意象

对于做过 SST 的来访者来说，他们心中留下的通常是那些有意义的隐喻、格言、故事和意象。那些能使用这种方式来表达含义的来访者，通常更能从咨询中获益，因为他们可以在自己需要的时候使用这些含义。

有幽默感

莱马（Lemma，2000）曾指出幽默是一个有力的疗愈因素。如果来访者能有些幽默感，能别太把自己当回事，那他就能从 SST 中获得更好的效果。

44

SST 的流程

正如霍伊特（Hoyt，2018）指出的，单次咨询有其自己的流程。在我看来，这一流程可分为六个阶段。

阶段 1：来访者与咨询师达成 SST 意向前

你可能认为 SST 的流程是从来访者第一次参加会谈开始的，但我认为，在此之前发生的事情同样重要，也应被视为 SST 的一部分。因此，我借鉴了美国人际关系取向社会工作理论（如 Seabury，Seabury & Carvin，2011），该理论探讨了来访者在开始 SST 之前所处的几种可能的求助角色。这些角色包括：

探索者角色（the explorer role）

当一个人决定要寻求帮助以解决心理健康问题时，会先考察有哪些可选择的帮助形式。此时，他处于“探索者”的角色，尚未联系某个机构或具体的咨询师，而是在了解和权衡各种选择——其中可能就有 SST。

询问者角色（the enquirer role）

当处于“询问者”角色时，人们会联系机构或咨询师，询问咨询过程的相关问题。这些问题可能是事务性的（如费用、预约方式），也可能是关于咨询的性质和流程的。

对 SST 提出疑问的人通常是想对它有进一步的了解，并且想知道如果还需要后续的帮助，他们还能获得哪些支持。“询问者”可能会向多家机构或咨询师提出相同的问题。此时，SST 实践者要体现出良好的专业性，迅速通过邮件、电话、短信或面谈等方式回应这些提问。

申请者角色（the applicant role）

当一个人处于“申请者”角色时，表明其已明确决定成为某家机构或某位咨询师的来访者了，实际上正处于服务申请阶段。但需要特别强调的是，他目前还不是来访者。

来访者角色（the client role）

当求助者签署知情同意书后，即正式成为 SST 的来访者。也就是说，他们已了解 SST 的功能与局限，且基于此认知自愿接受服务，同时承诺遵守机构或咨询师的保密协议等相关专业规范。需要强调的是，咨询师同样需要通过签署知情同意书来确认提供服务。在临床实践中偶尔会出现来访者希望接受 SST 干预，但咨询师基于专业评估提出顾虑的情况。此时，双方必须进行充分的讨论，以达成是否实施干预及如何实施干预的共识。

阶段 2：会谈前准备阶段

当咨询师与来访者通过预约确立 SST 服务关系，或来访者进入开放式 SST 机构后，在开始正式会谈前，来访者要进行一些会谈前准备。通常，他们要完成标准化问卷（详见第 49 个关键点）使得自己能从会谈中得到更大的获益。咨询师或机构需要向来访者明确说明，填写问卷是 SST 的建议环节而非强制要求。若来访者选择完成问卷，建议将结果共享给咨询师，以便咨询师据此做好相应的会谈准备工作。

阶段 3：会谈初始阶段

在完成服务协议等手续后，咨询师在会谈初始阶段的首要任务是快速建立工作同盟（参见第 51 个关键点）。这一过程包括：了解来访者想寻求的帮助类型（参见第 22 个关键点）、明确来访者期望从会谈中得到的收获，进而双方共同确定会谈的重点，以确保干预目标的有效达成。

阶段 4：会谈中期阶段

会谈重点确定后，咨询师会根据来访者的求助偏好提供相应帮助。通常，来访者受困于某种情绪 / 行为问题并希望得到解决。在此阶段中，咨询师会协助其深入问题核心并寻找解决方案[1]。综合相关因素，讨论、筛选并演练改变策略，制定行动计划，同时识别改变的阻碍并拟定应对阻碍的策略。咨询师在此阶段的核心任务是推动改变，并根据需要进行新的干预。

阶段 5：会谈结束阶段

当来访者建立了解决方案、进行了演练并计划付诸实施时，咨询师就知道会谈已经到结束阶段了。此时，咨询师会鼓励来访者总结他们在咨询中所做的工作，并详细说明他们可以从本次会谈中带走些什么（称为“重要收获”）。咨询师会邀请来访者说说还有哪些与问题相关但之前未提及的内容，并在会谈结束前提任何他们想问的与咨询工作相关的问题。最后，咨询师会向来访者说明他们如何可以获得进一步的帮助，并在来访者的情绪状态得以平复，至少部分平复的情况下（参见第 14

---

[1] 焦点解决流派的咨询师，可能会更专注于帮助来访者建立解决方案，而非深入探讨问题本身。

个关键点）圆满结束当次会谈。

阶段 6：会谈后跟进

会谈结束后可能还有三次和来访者接触的机会：

1. 咨询结束后立即收集来访者对当次会谈的即时反馈（参见第 86 个关键点）；

2. 几周后与来访者确认是否需要进一步帮助；

3. 在约定日期（通常为 1~6 个月后）联系来访者，以获取会谈效果评估（会谈产生的实际成效）和服务评价（来访者对所接受服务的满意度），此过程通称“随访”（参见第 87 个关键点）。

100 KEY POINTS

单次咨询：100 个关键点与技巧

Single-Session Therapy (SST): 100 Key Points and Techniques

Part 4

第四部分

单次咨询的标准

45

什么样的来访者适合做 SST

每当我做关于 SST 的演讲时，听众最常提出的问题是关于 SST 的适应证与禁忌证（参见 Dryden，2022c）。最初开发基于认知行为疗法的 SST 时（Dryden，2017），我曾制定过此类标准，但很快意识到这里存在两个错误：一是这种做法将初次会谈变成了评估，用以判断来访者是否适合接受 SST，这导致我未能充分利用可能仅有的这次会谈机会，在对方最需要的时刻提供帮助；二是我后来发现，判断谁适合 SST 的最佳方式，就是直接提供 SST，并在结束时评估效果。因此，在撰写第二版关于 CBT 流派短程治疗的著作时（Dryden，2022a），我删除了关于适应证与禁忌证的内容。

SST 向所有人开放

多数 SST 咨询师反对采用标准来筛选来访者。实践中，部分咨询师采用嵌入式 SST 模式，另一些则提供开放式 SST（即俗称的“免预约咨询”）。

嵌入式 SST 模式

杰夫・杨（Jeff Young，2018:48–49）的实践就是嵌入式模式的典型案例。对于“来访者是否适合 SST”这个问题，他的回应是：

我们认为，回答这个问题的最佳方式是将 *SST* 嵌入服务体系，让来访者可以根据需要随时再来，从而避免直接回答这个难题。将 *SST* 整合到服务系统中意味着在首次会谈（按可能是最后一次会谈的方式来做）后，来访者还可以继续选择机构通常可提供的所有服务。这样咨询师和机构就无需纠结这个“难以做出”的判断——来访者到底适不适合“单次”咨询。许多咨询师和机构管理人员都固守这样一个观念：复杂问题的来访者需要“深层”改变，这只能通过长期咨询来实现。而 *SST* 领域的研究证据正持续挑战着这一传统观念。

开放式咨询

免预约咨询的性质决定了其服务对象的广泛性，任何有需求的人都可以使用该服务。因此，它本质上是一种开放式咨询模式。当来访者存在风险时，当班咨询师会进行风险评估，但仍会在单次咨询的框架内为其提供帮助。支持该模式的咨询师认同杰夫・杨的观点，认为我们难以预判哪些人适合 SST。因此，开放式咨询服务不设置预先筛选标准。即便随后发现来访者不合适 SST，咨询师也会以尊重和接纳的态度为其推荐合适的服务形式。这些来访者未来可能会需要免预约咨询服务，而首次接待的质量将直接影响其后续求助意愿。

46

什么样的咨询师适合做 SST

不是所有的咨询师都有兴趣做 SST，也不是所有有兴趣的咨询师都能把 SST 做好。在本关键点中，我们将探讨什么样的咨询师适合做 SST。之前我们已经在第 37 个关键点讨论了 SST 咨询师需要有哪些观念，在第 38 个关键点探讨了一个“优秀的”SST 咨询师应该具备的特征，但还没有讨论哪些咨询师不适合做 SST。

适合做 SST 的咨询师

在我看来，对什么样的咨询师适合做 SST，各类文献（例如：Dryden，2017；Hoyt & Talmon，2014；Talmon，1990，1993）所给出的清单内容都可以被归纳为灵活性和多元化。

有效能的 SST 咨询师拥有灵活并多元化的观点与做法

作为 SST 的从业者，灵活性意味着两点：

• 虽然咨询师有自己偏好的工作方法，但是他们会灵活地使用这些方法，并且不会在明知道这些方法对来访者无效或不适用的情况下依然使用它们。

• 咨询师在咨询中会变化自己的工作风格，但是是以一种真诚的方式，以使得来访者可以从 SST 中获益更多。阿诺德・拉扎勒斯（Arnold Lazarus，1993）将此称为做一个“真正的变色龙”。

作为 SST 咨询师，多元化意味着在不同的时刻，对不同的来访者，能持有并采用看似相悖的观点：

- 相信 SST 是有效力且完整的咨询，并能结合来访者的生活背景更宏观地看待 SST；
- 接受来访者可能只做这一次咨询，也可能会要求后续咨询；
- 对自己能做什么和不能做什么保持谦逊的态度，乐观地期待改变的发生；
- 能迅速建立关系，迅速帮助来访者找到并聚焦在重要议题上；
- 能把来访者对问题的看法及解决方案放在首位，也能在恰当的时候表达自己的看法。

不适合做 SST 的咨询师

相反，不适合做 SST 咨询师的情况则分为两大类：僵化的和缺乏技能的。

无效能的 SST 咨询师在观点和做法上是僵化的

无效能的 SST 咨询师对待 SST 过程和自己的 SST 从业者角色都过于苛刻，在理解和实践它的方式上是僵化的。他们会认为 SST 只能有一次咨询，如果咨询结束时没能帮助到来访者，他们的工作就失败了。正因为有这样僵化的想法，他们会着急，会把来访者逼得过紧，导致来访者产生阻抗，进而影响了咨询效果。

这些咨询师认为自己是促进来访者改变的最大因素，低估且未能充分利用来访者自身的优势与复原力，这就丢掉了促进成长的两大重要成分。

无效能的 SST 咨询师缺乏工作技能

一个咨询师即便具有灵活性，仍可能因为缺乏技能而使得 SST 无效。所以，无效能的 SST 咨询师的工作之所以失败，有多种可能，尤其可能是因为以下几点：

- 未能迅速与来访者建立有效的工作关系；
- 未能与来访者进行清晰的沟通；
- 未能帮助来访者聚焦在他们最关注的问题上；
- 在焦点确定后，未能帮来访者保持在正轨上，不跑偏；
- 未能帮助来访者设置有效的目标；
- 未能识别并利用来访者的优势和资源。

在我看来，如果咨询师不能解决这些技能问题，他们就不适合成为 SST 咨询师。

任何咨询师都不应被强制实施 SST

正如不应强迫任何来访者接受其不愿采用的 SST 模式一样，咨询师同样不应被强制实施其不愿开展的 SST。对于一些受雇于已推行 SST 且要求执行的机构的咨询师而言，就出现了雇佣权益问题。但这属于人力资源管理的范畴，不在本书的论述范围内。

47

什么样的机构适合做 SST

正如我在第 41 个关键点中指出的，SST 是否有效在很大程度上取决于其所发生的环境。在本关键点中，我将讨论服务机构应该满足什么要求才适合提供 SST。

适合做 SST 的机构

我认为 SST 服务在达到以下要求的机构中才能得到良好的发展：

• **多部门支持**。机构中大部分人都支持提供 SST 服务，这一点很重要。在机构引入 SST 之前，所有与此相关的人员要对此抱有热情，同时也可以提出自己的疑虑、疑惑与质疑，并在彼此尊重的基础上进行讨论。机构管理者、咨询师和行政人员共同决策是否要引入 SST 服务。如果决定引入，也要尊重那些不想参与其中的咨询师的意愿。这样才能把阻碍 SST 的可能性降到最低。

• **恰当的培训**。很重要的是，在实施 SST 之前，要对关键人员进行充分的培训。既要培训相关技能，也要给他们机会去分享和讨论对 SST 的疑虑、疑惑与质疑。

• **持续的支持性督导**。即便在开始 SST 之前已经开展了充分的培训，机构仍需要提供持续的 SST 实践督导来完善咨询师的技能、保护来访者的福祉。

• **恰当的行政支持**。在组织或机构中，如果没有充分的行政支持，那 SST 就无法存续。在 SST 服务发展良好的机构中，团队里的行政人员也是 SST 服务的积极参与者，他们的反馈对于确保 SST 服务的顺利进行至关重要。

• **把 SST 整合到服务体系中**。很重要的一点是要把 SST 完全整合到机构的服务供应中，而不是让它独立于体系之外，成为从机构服务体系中分离出来的、由个别咨询师运作的项目。

• **让大众能获得 SST 服务**。这涉及服务宣传和地理位置两个方面。当人们知道这项服务，并且容易获得这种服务时，才会去使用它。

• **持续的研究和评估**。韦尔等人（Weir et al.，2008）已经指出，基于反馈的 SST 服务更容易获得成效。其中，反馈内容包括了来访者咨询效果数据和提供服务数据。如果团队积极参与这些研究和评估，将有利于服务效果的提升。

• **持续的专业性发展**。咨询师若能时常提出一些关于如何提升所提供服务的新想法，将能提升 SST 的服务质量；参加专业发展活动，可以让咨询师活跃起来，这对提升 SST 服务是有好处的。

• **咨询师不能只做 SST**。SST 咨询师对工作保持新鲜感的方法之一是从事不同长度的咨询。这样，SST 和一些较长程的咨询工作可以互相影响和渗透，而机构作为一个整体，也会从咨询师多样化的工作模式中获益。

• **与其他提供 SST 的机构建立联系**。让 SST 服务保持常新的方法之一是与其他提供 SST 的服务机构建立联系，这样可以提高 SST 取得持续成功的可能性。机构彼此之间能交流经验，从对方的错误中吸取教训，也能学习对方的成功之道。

• **为他人提供培训**。一旦机构建立了提供 SST 的服务体系，把它整合到其整体工作之中，并且成功运行了一段时间后，就可以考虑为其他人提供 SST 培训了。时常向想要了解这一服务方法的人展示如何有效开展工作，可能会带来连锁反应。那些热情满满的新手咨询师给出的反馈，常常会对标准化的工作模式造成挑战，这迫使那些沾沾自喜的咨询师们重新审视自己所做过的工作。

不适合做 SST 的机构

作为一种咨询服务形式，SST 在不利于其发展的环境下很可能失败。我认为当机构中存在如下情况且无法调整时，不适合提供 SST 服务：

- **被迫开展 SST。**有些机构在遇到很多来访者排队等待咨询的情况时会感到恐慌，于是在缺乏充分的前期准备工作的情况下，仓促引入 SST 服务。机构不应该强行要求那些没有得到充分指导和训练的咨询师做 SST。

- **由少数狂热的 SST 推崇者主导。**有时候，SST 是由个别狂热的推崇者带入机构的。他们在没有充分与管理层、其他咨询师及行政人员沟通的情况下，自行设立了这项服务，以至于该服务最终因为缺乏足够的支持基础而停滞。

- **培训不足。**没有得到充分的 SST 训练的咨询师不太可能提供有效的咨询服务，这一点会体现在来访者的反馈当中。

- **督导不足。**同样，如果缺乏有效的督导，就无法修正咨询师在 SST 工作中的常见错误，也会导致来访者反馈效果较差。

- **没有将 SST 融入到机构中。**如果 SST 服务在机构中是被孤立的，最终甚至会影响到那些特别有工作热情的 SST 咨询师。时间一长，他们可能就会离开，也无人来替代他们。

- **没有行政支持。**适切的行政支持对任何咨询机构都是重要的，如果机构不能给其 SST 部门提供有力的行政支持，那这项服务终会消亡。

- **机构内不鼓励表达疑虑、疑惑与质疑。**如果机构的氛围不鼓励咨询师表达自己对 SST 的担忧，这些隐患就会被存积或用间接的方式呈现出来，妨碍 SST 服务的发展。

- **大众很难获得这类服务。**如果人们不知道机构提供 SST 服务或者不容易找到提供这类服务的地方，那他们就不会使用这项服务。

- **不与其他提供 SST 的机构建立联系。**做 SST 的机构如果不和同行建立联系，那他们的 SST 就“与世隔绝”了，并随着这种情况的继续而逐步衰退。

100 KEY POINTS

单次咨询：100 个关键点与技巧

Single-Session Therapy (SST):
100 Key Points and Techniques

Part 5

第五部分

让单次咨询有一个好的开端

48

在与来访者的首次接触中做到有效回应

积极反应、专心致志、平易近人

我认为，当一个人去寻求任何一种咨询时，都应该得到服务方的快速回复，服务者应该做到平易近人且专心倾听。如果咨询师在一开始就发现此人很想做 SST，就该趁热打铁，抓住他的这一意愿，花些时间与之聊聊 SST 及咨询师或服务能提供的其他内容。

区分这个人处于哪种求助状态并做出相应的回应

来联系咨询师的人通常有两种可能的状态：问询者状态和申请者状态。处于问询者状态的人，正在到处寻找他们能负担起的、合适的咨询流派或咨询师（如果是在私人机构里的话），但还没有做出最终决定。处于申请者状态的人，他们已经确定了要找哪个咨询师或哪家机构，只是需要咨询师判断一下是否能给他们提供所需的帮助。如果不能，咨询师或机构就需要为他们做恰当的转介。需要注意的是，只有当此人正式同意进行咨询时，他才能成为来访者。

向这个人简要介绍所能提供的服务

咨询师（或机构代表）最好能简要介绍一下自己所能提供的服务，包括对 SST 的简短描述。这样，这个人就可以判断 SST 是否适合自己，如果 SST 适合，那再评估一下咨询师（或机构）是不是最适合的。

解释 SST 的流程

一旦确定了 SST 是此人将要接受的服务后，咨询师应该对咨询过程做一个稍微详细一些的介绍，便于这个人更好地为下一阶段的工作做好准备。霍伊特等人（Hoyt et al.，1992：49）曾为咨询师提供了这样一个开场白："很多做咨询的人都发现，一次咨询就会有很大帮助。如果我们都准备好要去解决你的问题，我将会尽我所能帮助你达成你对这次咨询会谈的期待。如果咨询后，你还需要进一步的帮助，那也是可以的。你觉得这是你想要的吗？"

49

帮助来访者为会谈做好准备

无论是预约式还是免预约式的 SST，邀请来访者填写咨询前问卷都是很好的会谈前准备方式。该问卷旨在帮助来访者从会谈中获得最大收益。表 49.1 呈现了我会邀请来访者填写的咨询前问卷，用于帮助来访者为单次咨询做好准备。在随问卷发送的邮件中，我还会说明以下要点：

> 根据我的临床实践经验，如果我们双方为咨询提前做些准备，将有助于提升咨询的效果。为此，希望你能下载并填写所附问卷（并非强制要求）。若你完成了问卷，请通过电子邮件发送副本给我，以便我也能做好相应的准备。

表 49.1　咨询前问卷

请你在会谈前完成本问卷，这将帮助你梳理重点以获得最佳咨询效果，也使我能够为你提供更有针对性的专业支持。请于会谈前通过电子邮件附件返回问卷。请简明扼要作答。 姓名：　　　　　　日期： 1. 你希望在本次会谈中重点探讨的问题是什么？（请用 1～2 句话简明扼要地描述问题本质。） 2. 这个问题为什么这么重要？（它涉及的利害性是什么？对你的生活有什么影响？若不解决，可能导致的长期后果是什么？） 3. 你希望通过本次会谈达成什么具体目标？ 4. 请简要说明相关背景信息。（以要点形式列出你认为我需要了解的、有助于解决该问题的信息。） 5. 你至今已尝试过哪些应对方式？（请列举所有你已采取的措施，包括有效和无效的尝试。）

续表

6. 你个人拥有哪些优势或内在资源可以帮助应对当前问题？（如果你觉得难以回答，请想想那些比较了解你并支持你的人会如何说。） 7. 在应对这一问题的过程中，你的生活中有哪些人可以提供支持？（请列出他们是谁，并说明每位支持者能提供什么样的帮助。） 8. 你最希望我在会谈中提供哪类帮助？（请勾选出最符合的一项） □ 帮助我增加对问题的理解 □ 专注倾听我的叙述 □ 帮助我表达对相关问题的情绪 □ 帮助我解决情绪 / 行为困境（突破当前卡点） □ 帮助我做出决策 □ 帮助我化解两难局面 □ 其他（请注明）：______________

100 KEY POINTS

单次咨询：100 个关键点与技巧

Single-Session Therapy (SST):
100 Key Points and Techniques

Part 6

第六部分

将咨询中的收获最大化

50

同意或者回顾咨询变量

在单次咨询的文献中，对计划外单次咨询和计划内单次咨询进行了重要的区分。在前一种情况中，来访者已经接受了一次咨询，咨询师和来访者对继续进行一次或多次咨询达成共识，但来访者要么在没有重新预约的情况下取消了这一次咨询，要么在第二次咨询时没有出现。正如我们在第 8 个关键点中所看到的，这些来访者通常被视为从咨询中“脱落”，但其中相当一部分来访者对他们之前的咨询感到满意，并决定自己不再需要进一步的帮助。

在计划内单次咨询中，咨询师和来访者在一开始就约定尝试通过单次会谈帮助来访者达成预期目标。若目标达成，来访者就可以继续自己的生活；若未达成，则可寻求进一步帮助。这种模式也常见于免预约咨询中，来访者知道自己可以随时前来进行会谈，之后还能再来。他们可能会在日后再次前来，但可能会由不同的咨询师接待。

无论采用哪种方法来进行计划内单次咨询，如果面询是他们的第一次接触，那么咨询师和来访者在咨询变量上达成一致非常重要，如果咨询师和来访者已经在咨询前的接触中对此达成一致，也需要再次回顾咨询变量。

什么是咨询变量？

到目前为止，应当清楚的是，在单次咨询领域中很少有被普遍接受的原则和做法，但是存在达成共识的领域。其中一个是，对来访者和咨询师来说，对合约的本质有清楚的认识是很重要的。下面所说的内容将会有所不同。

单次咨询有着多次的可能性

正如我已经讨论过的，有一些单次咨询治疗师只提供一次咨询。如果是这样的话，咨询师应该在一开始就明确这一点，并得到来访者的同意。此外，如果有后续咨询或联系，就需要将其记录备案。

然而，在我看来，单次咨询文献（如 Hoyt & Talmon，2014a；Hoyt et al.，2018a）的主流观点是，咨询师需要传达出这样的信息：一次咨询可能足够了，但如果需要，更多的咨询也是会提供的。例如，咨询师可能会这样说：“我们达成一致今天见面，如果我们可以帮助你朝着你想要的方向前进，你可以在最后做出决定，这次咨询是否是你所需要的全部。如果不是，还可以给你提供其他帮助。我们能在此基础上继续吗？”

单次咨询的期待

一些单次咨询专家更喜欢详细说明所谓单次咨询的“现实期待”是什么。这些改变可以在短时间内实现，并且这样的改变能在咨询师的帮助下由来访者在咨询过程中开启，来访者可以在咨询后持续这一过程。如果来访者有很多问题，咨询师会帮助他们聚焦于解决其中一个问题，无论哪一个对他们最有利。

特殊设置

如果咨询师的工作中存在任何特殊设置，应在咨询开始时与来访者澄清并获得来访者的同意。比如，在我的单次咨询会谈中，我会请来访者允许我做记录。我会告诉来访者，在会谈结束后我会将本次谈话的录音和文字记录发给来访者。我会与来访者澄清，这些记录不仅对来访者有益，对我本人反思治疗工作和提升服务水平亦有帮助（Dryden，2017，2022a）。

51

在单次咨询工作同盟中保持觉察

研究表明，在单次咨询中受益的来访者与没有受益的来访者相比，他们与咨询师有着更好的工作同盟关系（Simon et al.,2012）。因此，单次咨询的咨询师需要关注他们与来访者之间的关系，这是非常重要的。接下来，我将重塑博尔丁（Bordin，1979）的工作同盟三等级模型（Dryden，2006，2011）。它假设同盟由四个部分组成：联结、观点、目标和任务。

① 咨询师需要和来访者尽可能快速地建立一个良好的联结。在我看来，最好的方法就是证明咨询师是真诚地想尽快帮助来访者，但做的时候不要很匆忙。

② 咨询师和来访者需要对单次咨询的性质和目的达成共识，这非常重要，特别是如果可能进行更多次的咨询，那么在正式开始咨询之前，咨询师需要明确这一点，并得到来访者的理解和同意。

③ 关于在单次咨询中能实现什么样的现实目标，咨询师和来访者需要达成共识。以我的经验来看，单次咨询最有价值的地方在于帮助来访者摆脱困境，让他们能够继续自己的生活。因此，代表摆脱困境的共同目标很有价值。

④ 来访者能够理解咨询师建议他们去做的每一项任务，并知道这样做与实现他们的目标非常相关，这是非常重要的。考虑到单次咨询的性质，任何咨询师建议的任务都要易于理解和执行，尽管真正做到可能并不容易。

许多咨询师对单次咨询很谨慎，因为他们认为无法与来访者形成足够强大的工作同盟，做不了任何有用的工作。我希望我上面所提到的观点和西蒙等人（Simon et al.，2012）的研究证明事实并非如此。

52

开启咨询

如果来访者已填写好了咨询前问卷（见表 49.1），咨询师可在咨询过程中参考该问卷内容。若问卷未返回或未发送，咨询师可按以下步骤推进：首先，咨询师应询问来访者对其前来参加的咨询有何理解。若来访者明确知晓本次咨询的目的是让他们获得所寻求的帮助，或者来访者想要获得更多的帮助，则可正式开始咨询。若来访者对咨询目的存疑，或认为自己是为其他服务而来，咨询师需先澄清单次咨询的性质，并邀请来访者基于此共识决定是否继续。若来访者不愿继续，双方需协商后续方案，可能会涉及转介至其他形式的咨询服务。

假设咨询师与来访者决定继续，咨询师应如何启动咨询流程？通常，咨询师会通过积极、聚焦以及提出相关问题来开启对话，如霍伊特（Hoyt et al., 2018b）所述。

当来访者因具体问题寻求帮助（这是单次咨询中最常见的诉求），咨询师可采用聚焦问题的方法。此时，咨询师可能会以如下问题开场：

- 你如何称呼这个问题？你会给它起什么名字？
- 如果我们只能见这一次，此刻你最想聚焦解决的是哪个问题？（Haley, 1989）

在探索问题的变化性时，咨询师可能会问：

- 在什么时候，这个问题不再是问题？
- 问题何时影响你？如何影响你？你又何时（以及如何）影响它的？（White,

1989）

若采用焦点解决的方法，咨询师可能会问：

• 发生些什么，会让你在离开时觉得今天这次咨询是值得的？

• 你今天愿意做出哪些改变？（Goulding & Goulding，1979）

• 用 1~10 分打分，你现在的问题严重程度是几分？需要降到几分，你才会觉得不需要再来了？

• 你对今天的咨询有什么样的期待？（Iveson，George & Ratner，2014）

• 你认为哪些想法或理念会带来改变？这些改变如何让你的生活变得更好？

焦点解决的咨询师常采用与单次咨询适配的“一小步”策略。他们在咨询初期可能会问来访者：

• 如果我们共同努力且进展顺利，哪些细微的迹象会表明我们正走在正确的方向上？

• 假设今晚你睡觉时发生了奇迹，你今天带到这里来的问题解决了。明天早上醒来时，你最先会注意到奇迹发生的迹象是什么？第一个改善的信号是什么？第二个呢？第三个呢？还有呢？（de Shazer，1988）

优势取向的咨询师则会聚焦于来访者的优势与能力，以此启动单次咨询流程。例如：

• 经历了所有这些之后，你是如何挺过来的？

在下一个关键点中，我将探讨单次咨询中如何有效地聚焦问题。

53

聚焦在可被解决的问题上

由于单次咨询是一种非常聚焦的干预方式，所以咨询师和来访者需要在一起非常智慧地使用时间，那么对来访者最有帮助的就是专注于一个可以解决的问题上而非不能解决的问题上。一个可以解决的问题是指：与他们相关的、可控范围内的，并且现在就准备处理的事情。相比之下，从单次咨询的角度来看，一个无法解决的问题是指来访者无法掌控的问题，或者是可以掌控，但是由于这样或那样的原因，他们现在还没有准备好去解决的问题。

帮助来访者聚焦在他们可以掌控的事情上

来访者来咨询时，常常会抱怨自己的不幸。这些不幸也许代表了令人厌恶的人际行为或消极的生活事件。帮助来访者了解什么是他们能掌控的、什么是不能掌控的非常重要。他们无法控制他人的行为，也无法控制阻碍他们实现目标的事件或情境。他们能掌控的是他们对这些逆境的解释、信仰和态度，以及他们如何采取行动。单次咨询治疗师可以通过鼓励他们做出这样的转变而极大地帮助到他们。

一位老妇人需要整整两天完全安静的休息，她为此预订了一间非常昂贵的酒店套房，并且和这家酒店确认她一定会得到物有所值的服务。当她在床上躺下小憩的时候，被隔壁套房大声的钢琴曲吵醒了。她非常愤怒，向酒店经理抱怨。这位经理对于应对各种复杂情况很有经验，他思考了一会儿，然后问这位老妇人，是否听到了住在她隔壁的客人弹钢琴的声音。他说，实际上，这位客人是一位国际著名钢琴演奏家，他将在这里举办个人音乐会，而音乐会的票在几个月前就售罄了。酒店经理接着说："女士，你知道你是多么幸运吗？你独享了这位国际著名钢琴演奏家的音乐会。"这位老妇人的怒气顿时消失了，然后她赶紧为自己辩解，说她对这场私人音乐会不想错过更多。虽然这不是一个单次咨询，但这位酒店经理诠释了其中的所有关键点。他很快聚焦在这位老妇人的问题上，迅速将一个她无法掌控的问题（"隔壁的噪声使得我无法休息"）重构成了一个她可以掌控的问题（"是否选择欣赏这场私人音乐会"）。这样一来，酒店经理同时也满足了老妇人最看重的东西——虚荣心！

聚焦于来访者当下准备处理的事情

来访者可能会带着很多问题来咨询，然后会选择一个问题作为开始。然而，从单次咨询的角度来看，这个一开始的问题可能不是最好的咨询目标，因为来访者可能还没有准备好立即进入正题，所以在这种情况下，当来访者提到许多问题时，单次咨询师可以问下面这类问题：

- 你希望尽快解决哪一个问题？你准备全力以赴解决哪一个问题？

帮助来访者摆脱困境

我认为单次咨询特别适合解决来访者感到被困住的问题。来访者经常会陷入困境，因为他们反复做一些他们认为会对自己有帮助的事情，但实际上这却是让他们陷入困境的原因。在这种情况下，咨询师的作用是鼓励来访者从不同的角度看问题，并（或）帮助他们考虑采取不同的行动。我认为单次咨询对于"卡住"的问题特别有用，因为它有助于来访者从"卡住"的不知所措中走出来，转而感受到被鼓励去尝试以前没有考虑过的事情。所有的来访者都需要一个能提供更广阔视角、给出一两个建议、在摆脱困境后不再回到以前的路上的人。

马尔科姆（Malcolm）寻求心理治疗，因为他担心在公共场合出汗。他尝试了很多方法让自己不要出汗，但这些方法都没有解决问题，反而使问题继续存在。我认为他出汗的问题是他与出汗的关系问题。我想知道，如果他把出汗当成一个顽皮孩子渴望得到关注，不管是积极的还是消极的关注，会发生什么。马尔科姆意识到这样一个孩子不喜欢的是不被关注。当他们最终知道自己会被关注时，他们就会停止不良行为。马尔科姆觉得这很有帮助，于是他不再去尝试让自己停止流汗，而是在出汗的时候也保持继续和别人交谈。后来，马尔科姆报告说，这次咨询帮助他把注意力从出汗上转移开，他现在认为出汗是一种讨厌的东西，而不是一种威胁。三个月后，他依然保持着这样的状态。

54

创建并维持一个工作焦点

考虑到在单次咨询中时间是宝贵的（Dryden，2016），咨询师帮助来访者创建一个焦点并在共创后保持它是很重要的。我已经论证过（例如在第 22 个关键点），在单次咨询过程的不同时间，咨询师可能既使用聚焦问题的方法，又采用聚焦解决方案的方法。通常，在单次咨询中，如果咨询师采用聚焦问题的方法，则将聚焦解决方案的方法作为补充。

一旦咨询开始，咨询师和来访者就需要建立我所说的“工作焦点”。这代表了咨询师为解决来访者的问题并帮助他们实现解决方案所做的工作。让我举个例子：利昂（Leon）来找我帮助他解决公开演讲时的焦虑。他很担心听众知道自己的无知。我们一致同意这是他的问题，而且他急于马上解决这个问题，因为两天之后他就要进行公开演讲了。我理性地让他设定了一个他最关心的目标，但不是去焦虑他在两天之后的公开演讲中可能会暴露自己无知这个部分，他接受了。这就是我们的工作焦点。从那一刻起，我的任务就是让他聚焦在这一点上，这意味着，每次他偏离这个目标时，我都会温和地把他带回来。

有礼貌、尊重地打断

当咨询师给予帮助的时候，大部分来访者都会同意这个工作焦点。然而，一些来访者会觉得这样做更加困难，这时，咨询师需要有礼貌地、带着尊重地但有时候又坚定地打断他们。以我的经验看来，当来访者偏离了既定工作焦点时，他们通常会用两种方式：第一，他们会说出一大堆关于这个问题发生时的细节，这对于单次咨询来说太多了；第二，他们很容易从工作焦点的必要方面和他们问题的具体实例偏离到对工作焦点的不必要的、笼统的概述以及工作焦点之外的其他问题中去。

对于后者，当我在单次咨询中以很聚焦的方式工作时，我经常鼓励我的来访者去想象他们正在玩儿一个叫“找线索”的侦探游戏。这个游戏的目标是找到谋杀者的证据，即谋杀者犯罪的具体房间以及使用的具体武器。对于咨询师和来访者来说，单次咨询的目标就是帮助来访者找到能够帮助他们解决具体问题的具体方法，以此实现他们的具体目标。

得到来访者同意打断的许可

当来访者似乎难以保持之前达成的工作焦点—— 有的来访者跑题很严重——的时候，咨询师需要告诉来访者，打断是有价值的，以得到来访者的许可。我通常会这样说：“为了你从咨询中得到最大的收获，我们双方都要聚焦于你的目标，这是很重要的。有时，人们发现一直聚焦很难，如果这种情况发生在我们身上，我可以打断你，让你重新回到我们的工作目标上吗？”有注意力不集中问题的来访者通常会意识到这一点，当咨询师提出要打断他们，并因此欣然同意时，他们会松一口气。

当咨询师无法打断来访者时

许多咨询师所接受的训练都是促进来访者的自我探索，并且被提醒不要打断来访者的“倾诉”。在许多咨询环境中这样的方法会很有帮助，但却在单次咨询中不那么有效，因为它强调聚焦在一个议题，而不是在一个更广阔的范围打开一段对话。[1]虽然明白单次咨询中工作焦点的必要性，但一些咨询师反对打断来访者，因为他们认为这不具治疗性或者是不礼貌的。对于第一点，我的回答是，允许来访者在有限

[1] 唯一的例外是，当来访者想在会谈中漫无目的地谈论想谈的事情时。

的时间内从一个问题徘徊到另一个问题或是同时一起讨论这些问题在单次咨询中是不具治疗性的。对于第二点，我的回答是，打断来访者是有可能的，这一过程是带着机智、尊重和礼貌的，从另一个角度来看，不这样做反而是无礼的（意思是“没有帮助的”）。我甚至会说，如果咨询师一直不愿意打断来访者，那可能是因为他们不适合做单次咨询。

确保来访者回答重要的问题

多年前，我的一位葡萄牙朋友兼同事与他的博士生导师闹翻了，他所在的大学要求我接管他的博士论文，我同意了。在葡萄牙，博士答辩是公开进行的，将有几十个人参加。就在答辩开始之前，系主任把我拉到一边说，大家都知道我是答辩人的朋友和同事，不要在答辩中对他表现出任何偏袒是很重要的，并建议我：“必要时力挺他，但要表现出你的主见。”包括我在内共有六位考官，轮到我提问时，事情进展很顺利。然后我问了候选人一个棘手的问题，他给了一段很长的回答，但并没有直接回应我的问题。他讲完后，我停了下来，直视着他说：“奥里维拉先生[1]，这是另一个问题非常完整的回答。现在，你能回答我刚才问你的那个问题吗？”观众都倒吸了一口冷气。在这里，我做了被要求做的事情，我对候选人的态度很坚定，并因此展示了我的主见。

我讲这个故事是为了说明检验来访者是否在回答单次咨询中约定的重要问题是很重要的。如果没有，咨询师需要以温和、尊重的方式指出这一点，并且鼓励来访者回答这个问题。话虽如此，如果来访者一直回避问题，咨询师最好还是不要追问这个问题，而是问一个相关的问题。灵活性在这里就如单次咨询中其他地方一样，是很关键的。为了提高自己对那些没有正面回答问题的人的辨识能力，我通常建议咨询师收听英国广播公司（BBC）广播 4 台的《今日》（*Today*）节目，尤其是当主持人采访政客的时候。

---

[1] 不是答辩人的真实姓名。

55

可能的话，帮助来访者处理困境

来访者常常因为情绪问题来咨询。他们表现出焦虑、抑郁、内疚、羞耻、愤怒、受伤、戒备以及嫉妒。当人们面对一系列的不幸时，会出现这样的情绪问题，而这些情绪其实给了我们线索去找到困境。在我看来，单次咨询师需要了解这八种情绪问题所对应的逆境，这非常重要，对于用聚焦问题和聚焦解决方案的方式工作的咨询师而言尤其如此。我在表 55-1 里列出了与八种情绪相关的逆境。

在单次咨询中，什么时候聚焦于逆境

聚焦逆境是我使用方法的一个特点，称为“单次整合认知行为疗法”（SSI–CBT）（见 Dryden，2017，2022a）。在我看来，使用聚焦逆境的方法是特别重要的。

• 当来访者的主要策略是避免逆境，或当它发生或即将发生时赶紧离开。

• 当来访者面对逆境时，表现出不安的情绪和（或）非建设性的行为。

• 当来访者陷入逆境，需要一个不同的方法来摆脱逆境。此时最佳做法是鼓励来访者面对这些逆境而不是回避或是重塑，这样他们才能够处理它，并且创造性地去思考如何高效地解决问题。

• **当来访者在纠正他们扭曲的推论时，仍然持续对逆境做出不健康的反应。**比如说，洛娜担心被批评。以前的咨询重点是帮助洛娜认识到，她认为自己会受到批评的推断是错误的，需要纠正。虽然这一策略在短期内对她很有帮助，但她还是不断地预测批评，这让她很焦虑。单次咨询专注于帮助她暂时假设她会受到批评，并把这当作一个事实来处理。这帮助她以一种健康的方式处理被批评的过程，也鼓励她更客观地看待被批评的可能性。

• **当重构问题以后，依然不起作用，或者即使可能有用，也只是在短时间内起作用。**在后一种情况下，来访者需要面对逆境，以便有效地处理它。因此，在第 53 个关键点中，我提到了一个案例，一位老妇人的休息被打扰这一点被重构成了她可以在休息的时候独享国际著名钢琴家的私人音乐会。如果这种重构没有奏效，那么这位老妇人就可以选择带着焦虑或者冷静地处理被打扰这件事（问题中的困境）。

• **当来访者的主要逆境是他们对逆境的反应。**有时，来访者的主要问题不是他们对困境的初级不安的反应，而是他们对这种初级不安的焦虑反应（次级反应）。在理性情绪行为治疗（REBT）中，这被称为元干扰（Dryden，2021b）。“羞耻”情绪是一种常见的“次级”元干扰，如果有效地解决了它，就能使人在主干扰下生活得更好。

表 55-1　情绪与相关逆境

情绪	逆境（实际的或推断出的）
焦虑	恐惧
抑郁	丧失 失败 对自己或他人不公平
内疚	违反了道德原则 不遵守道德原则 伤害了其他人
羞耻	没有达到理想状态 披露自我的负面信息 有的人看不起自己或是回避自己

续表

情绪	逆境（实际的或推断出的）
问题性愤怒	遇到挫折或无法实现目标 他人的不良行为 违反个人准则 不被他人尊重 自尊受到威胁
受伤	受到不应有的虐待 他人对一段关系的投入比自己少
问题性戒备	一个人对另一个人的关系造成威胁 与上述威胁相关的不确定性
问题性嫉妒	另一个人拥有自己珍视却无法拥有的东西

56

协商一个目标

在单次咨询领域，“问题”“解决方案”和“目标”等词经常被使用，但没有对它们进行精确区分。本关键点使用这些术语时，我将使用《牛津英语词典》提供的定义。

“问题”“解决方案”“目标”的定义

- 问题：“被认为是不受欢迎或造成伤害的并且需要处理和克服的事情或情况。”
- 解决方案：“解决问题或处理困境的方法。”
- 目标：“一个人的抱负或努力的对象，力争做到的目的或期望的结果。”

问题——→解决方案——→目标

单次咨询中的问题、解决方案和目标

从这里我们可以看到，一些单次咨询师会准备与问题（不受欢迎的事情）、目标（处理问题过程中想要的结果）和解决方案（实现目标的方法）一起工作，而另一些咨询师只会与目标和解决方案一起工作。鉴于此，我认为聚焦解决方案的咨询只有专注于解决方案和目标才有意义。如果它只是专注于解决方案——也就是方法——那么它将是只关注方法而没有目标的咨询。同样地，我认为目标导向的疗法既涉及目标又涉及解决方案。如果它只专注于目标，那么它将是一种没有任何关于如何实现目标的咨询。

聚焦于目标

一个目标是来访者准备为之努力的终点。在单次咨询中，来访者不会因为他们已经实现了目标而停止咨询。他们会在知道什么是他们想要的并且在咨询师的帮助下知道他们可以靠自己实现的时候结束咨询。

“SMART”目标

有很多方法概念化咨询目标，也许最著名的要数多兰（Doran，1981）创造的“SMART”目标，它可以帮助管理者写下目标。虽然“SMART”这个缩略语有不同的版本，但我认为最适用于单次咨询的版本如下：

“S”＝具体的（Specific）。具体的目标应该足够清晰，以帮助来访者看到他们的目标是什么。这将因人而异。

“M”＝激励（Motivating）。虽然“M”通常代表“可测量的”（measurable），但我的观点是，“激励”在单次咨询中更有用，尤其是如果它清楚地说明了改变的原因。

“A”＝可以实现的（Achievable）。如果来访者不能实现一个目标，它在单次咨询中就没有用。

“R”＝相关的（Relevant）。如果一个目标与来访者的生活无关，那么他们不太可能为实现这一目标而努力。

T ＝有时限的（Time-bound）。这一目标能否在指定的时间内实现很重要，但是正如上面提到的，最重要的是，在单次咨询的时间限制内，来访者可以看到自己前进的方向，并对结束咨询后实现这个目标充满信心。

“你今天想实现什么？”

塔尔蒙（Talmon，1993：140）建议单次咨询师在咨询的一开始就向来访者提出这个问题，即咨询是一种目标导向的努力，并创造一种可能性，即如果来访者完成了他们在一开始设定的目标，咨询就可以结束。

行为目标

在第 55 个关键点中，我指出，只要有可能，就应该帮助做单次咨询的来访者面对和处理逆境，而不是帮助他们绕过逆境。当这样做的时候，咨询师应该为来访者设定什么样的目标呢？在我看来，这里需要考虑两个重要的目标：行为目标和情绪目标。我将在下面讨论这两个目标。

在强调行为目标时，咨询师和来访者共同塑造出最有可能改变逆境（如果逆境可以改变的话）的行为。在这里，重要的是要记住我在第 53 个关键点中提出的观点：帮助来访者聚焦于他们可以掌控的事情。因此，单次咨询应该帮助来访者去理解，当讨论如何处理涉及他人行为的困境时，影响和改变之间的区别。来访者的行为只能影响到另一个人的行为，而不能直接改变他的行为。鉴于此，咨询师和来访者应该设立基于共同理解的、最有可能积极回应的、最有可能影响对方的行为目标。

情绪目标

在以下两种情况下，应该设定情绪目标。第一种是一个人对逆境的情绪反应是有问题的，并且会妨碍他们实现商定的行为目标。第二种是逆境不太可能改变，因此来访者的任务是能够平静地忍受逆境，特别是当他们无法摆脱逆境的时候。

在我使用的单次咨询方法——《单次整合认知行为疗法》（Dryden，2017，2022a）一书中，我借鉴了理性情绪行为疗法中的一个区别，即不健康的消极情绪和健康的消极情绪（Dryden，2021b）之间的区别。正如这个术语所表明的，“不健康的消极情绪”（UNEs）是指面对逆境的情绪反应（如表 55-1 所列），它们是消极的、非建设性的。通常，UNEs 的常见例子有焦虑、抑郁、内疚、羞耻、受伤以及问题性的愤怒、戒备和嫉妒。相比之下，“健康的消极情绪”（HNEs）是对同样逆境（如表 55-1 所列）的情绪反应，它在感情上也是消极的，但在效果上是有建设性的。HNEs 的常见例子，可以被视为以上所列的 UNEs 的替代形式，即关心、难过、悔恨、失望、悲伤，以及可被理解的愤怒、嫉妒。

从以上的观点来看，我们注意到针对逆境的情绪目标在感情上是消极的。根据这种观点，对消极的事情（即逆境）保持积极或中立是不健康的，对消极的事情感到消极是健康的！

从理性情绪行为疗法的角度来看，帮助来访者在面对逆境时实现其情绪目标的方法是，帮助他们从对事物僵化和极端的态度，转变为灵活和非极端的态度。然而，从单次咨询的角度来看，重要的是咨询师帮助来访者改变思考过程，这将使他们能够实现情绪目标。

57

理解来访者如何不知不觉地持续着自己的问题并帮助他们解决问题

人们之所以会有问题，其中一个原因就是他们在不知不觉中让问题持续发生。我之所以在这里说“不知不觉中”，是因为从来访者的角度看，他们是在试图解决问题，而不是让问题一直存在下去。对于聚焦问题的单次咨询师，识别这些维持问题的因素有助于咨询师和来访者理解后者需要改变什么。

维持常见问题的要素及其健康选择

这里是一系列维持问题的要素及其健康选择。后者仅仅是一种暗示，因为真正重要的是来访者决定对他们来说什么是一种健康的选择，而不是一个问题维持要素。

回避问题 VS 面对问题

当来访者遇到问题时，他们可能会产生回避问题的冲动。他们经常在遇到问题之前就这样做，或者一旦问题发生之后就选择逃跑。回避问题的健康选择是面对问题。这样的面对可以用一种“充分的、强烈的”方式，也可以用一种我称之为“有挑战性但非压倒性的”方式来完成（Dryden，1985）。

以充分的、强烈的方式面对问题。一个典型的例子，是对于单纯的恐惧症

（OST）的“单次咨询”，来访者同意在长达 3 个小时的时间内面对他们的恐惧症对象（Davis Ⅲ，Ollendick & Öst，2012），这通常会导致恐惧反应的消失。这样做的重要组成部分是：①告诉来访者咨询的基本原理，让他们能够接受，并在长时间的疗程中承诺接受咨询；②对于这个人来说，经历一个痛苦的过程是值得的。

以有挑战性但非压倒性的方式面对问题。在这种情况下，来访者同意以一种适当的但非压倒一切的方式来面对他们的逆境。在整个过程中，这是由来访者定义的。在单次咨询中，咨询师介绍这个概念，如果来访者希望使用它，双方都会计划来访者如何在咨询结束后回到生活中时，能尽快地执行这种理念。咨询师鼓励来访者带着这种理念，运用到未来的生活中。

单次咨询师可以鼓励来访者在咨询时，在脑海中描绘出自己面对问题的情景，这是来访者在自己的生活中这样做的前奏。

避免不适 VS 容忍不适

我们越来越生活在一个由我们自己的舒适感主导的世界里。人们不愿意做对自己最有利的事情的原因是：“我觉得不舒服”，他们希望被理解、被接纳，肯定也不会受到挑战。然而，改变会带来不适。正如我常说的：“如果它不陌生，那就是没有变化。”因此，在单次咨询中，对于改变来说，一个合情合理的目标是：“尽管人们的问题依然存在，但已经避免了不舒服的感觉。”“容忍不适”的立场有以下特点：

- 容忍不适感是一场奋斗。
- 容忍不适感是可能的。
- 如果一个人认为这样做符合他的利益，他就会忍受不适感。
- 如果一个人认为自己值得为某事承受不适，他就会忍受不适感。

• 这个人愿意容忍不适感。

• 这个人承诺容忍不适感。

• 这个人会采取适当的行动。

为了帮助来访者培养对不适感的容忍度（Dryden，2021b），让他们把这种态度用自己的话表达出来，同时尽可能清晰地想象自己的表达是很有用的，这也是他们在生活中这样做的前奏。

痛苦不耐受 VS 痛苦耐受

越来越多的人认识到，人们对自己痛苦的反应会有助于其问题持续，因此这是一个改变的合理目标（Leyro，Zvolensky & Bernstein，2010）。痛苦不耐受的三个要素为：①感知到对情绪、认知、想象的不耐受或冲动行事；②害怕失去掌控感；③自我设定的意义（例如：“我有这种感觉说明我很脆弱”）。

单次咨询治疗师可以帮助来访者解决这些问题，并帮助他们认识到：①他们可以容忍自己的经历；②一旦他们停止试图消除痛苦时，可以控制这种体验；③他们可以在经历痛苦时，共情自己，就像他们去共情所爱之人一样。这些成果可以通过适当利用空椅子技术得到加强（见第 75 个关键点）。

僵化的思维 VS 灵活的思维

当来访者思维僵化时，他们对事情应该如何发展有固定的想法。这种僵化的思维可能应用于逆境以及他们对逆境、对其他人或是对他们自己的不安感。这些僵化的思维促使他们的问题一直持续。帮助来访者更灵活地思考，包括帮助他们意识到他们的偏好意味着什么对他们来说是重要的。他们可以通过承认他们不是必须面对这些或是僵化地看待这些，来选择是否灵活地保持这些偏好。咨询师通过鼓励他们思考什么样的思维方式是最有益的，是能够帮助来访者做出选择的。

不检验推断 VS 在行为上准备好检验推断

来访者的问题一直持续存在，因为他们从不检验他们对不利情景的判断，并据此来行动。例如，一个人可能认为刚刚认识的人会觉得他很无聊。因此，他不与这个人交谈。重要的是，要鼓励这个人从行为上验证自己的推断，在这个例子中，就是要参与其他人的对话，看看会发生什么。在单次咨询的语境中，来访者只能在想象中进行判断，但只要他们在咨询结束后在现实中进行测试，他们就可以从这种行为实验中获益（Bennett-Levy et al.，2014）。

默许 VS 坚定地设置边界

通常情况下，当来访者抱怨受到他人糟糕的对待时，是因为他们对此没有做出任何回应，可以说是在默认这种行为。正如豪克（Hauck，2001）所指出的，当一个人受到别人糟糕的对待时，并且没有对这种行为提出抗议，那么其他人就会继续对这个人很糟糕。对于这种默认的解决办法是坚定地设置边界，来访者可以在咨询中通过角色扮演进行练习。

强化他人不良行为 VS 强化他人良好行为

同样，人们在无意中褒奖了他人的不良行为，从而助长了他人的不良行为。除了在对方面前坚持自己的立场外，当对方做出良好行为时，也要强化这种良好行为。

58

改变什么 I：聚焦个体的改变

与其他形式的咨询一样，单次咨询的目的是帮助来访者产生改变。就我个人而言，单次咨询能够非常好地帮助来访者摆脱困境，继续他们的生活并且不需要再进行咨询。正如我在本关键点后面讨论的，改变可以通过基于修正或接纳的策略来实现，如雷茵霍尔德·尼布尔（Reinhold Niebuhr）宁静的祷文：

> 上帝啊，求你赐予我平静的心，
> 去接受我无法改变的事；
> 赐予我勇气去做我能改变的事；
> 赐予我智慧，去区分这两者。

在这一关键点中，我将讨论聚焦个体改变的议题，咨询师帮助来访者通过自身的改变来解决问题。在下一关键点中，我将讨论聚焦环境改变议题，咨询师帮助来访者通过改变环境来解决问题。虽然这两种方法并不是相互排斥的，因为一个人在做了外部改变之后，可能更容易进行内部改变，但是我将分别讨论它们。

BASIC I.D. 工作框架

在思考“在单次咨询中，什么可以让一个人自身产生改变”时，我发现运用阿诺德·拉扎勒斯（Arnold Lazarus，1981）提出的 BASIC I.D. 工作框架带来很多启发。

B ＝行为（Behaviour）

A ＝情感（Affect）

S ＝感觉（Sensation）

I ＝意象（Imagery）

C ＝认知（Cognition）

I. ＝人际关系（Interpersonal Relationships）

D. ＝药物及生物性作用（Drugs and Biological Functioning）

在单次咨询中，咨询师主要通过直接与来访者一起工作，来促使他们在行为、感觉、意象和认知上产生改变。正如阿诺德・拉扎勒斯（Arnold Lazarus，1981）所指出的那样，直接改变一个人的情感是不可能的；相反，情感的改变会随着其他一种或多种元素的改变而发生。在单次咨询中，也不可能直接改变来访者的人际关系（I. 元素）；这里的改变很大程度上是通过鼓励一个人改变对另一个人的行为，并观察这种改变的影响来实现的。最后，大多数单次咨询师没有资格去处理关于来访者当前或可能的药物需求（D. 元素），这需要将来访者介绍给合适的专业人士。

总而言之，在回答“单次咨询改变的目标是什么”这个问题时，我的答案是行为、感觉、意象和认知，当咨询有效的时候，这些模式的改变将带来情感上的建设性变化。

认知的改变

认知的改变往往是推断出来的，或者是从态度上看出来的。在这里，我将“推断”定义为“对现实的一种直觉，超越了手头的数据，可能是正确的或错误的”。对于态度，我用了科尔曼（Colman，2015）对它的定义：“对人、物或问题的反应的持久模式。”

态度的改变

想象一下，当母亲问来访者："你今天有什么安排？"时，来访者可能立刻会对母亲的打扰感到愤怒。

帮助来访者改变态度，比如咨询师可以鼓励他们：①暂时假设她的母亲在干扰她，并由此②认识到自己对这种侵犯性产生了愤怒的态度。一旦这种态度被识别出来，咨询师可以帮助来访者改变它，以更有建设性的方式应对这种逆境。

推断的改变

推断的改变包括来访者退后一步，然后验证支持或反对他们所做推断的证据，以及可能的其他推断。在回顾证据之后，鼓励来访者选择最符合证据的推断。在上面的例子中，来访者认为她的母亲在询问其日程安排时没有打扰她。相反，这是她母亲询问她一天过得如何的方式。

正常情况下，在单次咨询中，咨询师没有时间去帮助来访者同时改变其态度和推断，所以需要选择哪种改变最益于来访者解决他们的问题。

行为的改变

在单次咨询中，咨询师可以鼓励来访者在行为上进行改变，并且在咨询中给他们一个机会去练习，但是，如果这是来访者的唯一一次咨询，那么咨询师就不会知道这个人是否在生活中实现了这种变化，或者，如果他们这么做了，这样的行为改变的结果是什么[1]。在行为改变方面，单次咨询可以通过多种方式帮助来访者。

---

[1] 有后续咨询的单次咨询师将会发现这些，但是在很久之后（参见第 87 个关键点）。

冲动

咨询师可以帮助来访者区分冲动与行为。这对于那些问题本质上是冲动的来访者来说尤其重要。帮助这样的来访者将冲动和决定是否要行动之间的过程慢下来是干预的重点。在做完这个工作后，咨询师便可帮助来访者运用意象去练习有冲动但不行动的经验。

通过行为改变来验证推断

在第 57 个关键点中，我简要地讨论了使用行为实验来帮助来访者检验其扭曲的推断，这种方法特别适用于当来访者对负面事件的态度既没有改变的可能性，也没有愿望改变时。

行为改变巩固态度改变

当鼓励来访者去改变与他个人问题有关的特定态度时，让他们用这样的方式去行动对巩固这种态度是有益的。鉴于单次咨询的性质，应鼓励来访者选择那些可以帮助他们改变态度的可经常练习的行为。

影响他人

我在这本书中多次提到，如果一个来访者与另一个人有问题，促使那个人改变的一种方式就是让来访者先改变自己对他人的行为。来访者可以先和咨询师通过角色扮演，评估新行为对另一个人可能产生的影响。

发展缺失的技能

当来访者的问题是由于某种行为技能的缺失而恶化时，咨询师可以通过让他们获得或发展相关技能来帮助他们。

按照价值观行事

接纳承诺疗法（ACT）的实践者认为，与其卷入到修正令人烦恼的认知和情绪中，不如鼓励来访者接受它们的存在，用提升个人价值观的方式去行动（如 Flaxman, Blackledge & Bond, 2011）。

感觉的改变

感觉的改变包括鼓励来访者聚焦于有益的感觉，以此作为桥梁，以更建设性地使用其他模式。例如，我曾经帮助过一位单次咨询的来访者，在他第一次接触到暖心（warmth）的感觉后，改变了其对焦虑的认知。

意象的改变

通常情况下，来访者会受到那些让人烦心的心理意象的负面影响，他们可以学着将这些修改成更具建设性的意象。这些可以在开始行为改变之前进行练习。意象技术通常与感觉技术相结合（例如，要求来访者识别和描绘一种放松的场景，同时专注于放松的感觉）。

基于修正的改变和基于接纳的改变

在认知行为疗法领域，改变令人烦躁的想法和感受的策略，例如，帮助来访者修正支撑其感受的认知，或者接纳基于价值观的这些想法和感受。单次咨询师可以利用这两种方法与来访者协商，他们认为哪种方法是最有帮助的（Dryden, 2021b）。

在讨论了聚焦个人的改变这一议题后，在下一个关键点，我将讨论聚焦环境的改变这一议题。

59

改变什么Ⅱ：聚焦环境的改变

在前一个关键点中，我讨论了个人可以通过改变自己来解决问题这一议题。然而，有的时候，当咨询师帮助他们考虑通过改变环境来解决其问题时，他们会觉得更有效。在与单次咨询的来访者讨论环境变化时，我鼓励他们把自己当作一株植物，有的植物在某些环境中能茁壮成长，但在另一些环境中却会凋零。我再让他们思考自己在什么环境下会茁壮成长，在什么环境下会凋零。有了这些信息，我再让来访者去思考他们遇到了有问题的环境，他们是否需要通过改变这个环境来解决问题，或者他们是否需要留在这个环境中，改变自己的某个方面。

当然，在某些情况下，来访者很明显需要环境变化（例如，当来访者被虐待），同样，有的来访者不能改变他们生活的环境（例如，来访者为了生计，必须维持一份糟糕的工作）。然而，在大多数情况下，来访者既可以通过改变自己，也可以通过改变外部环境来解决问题。

在这种情况下，咨询师和来访者需要一起决定是聚焦个体的改变还是聚焦环境的改变。就像我之前说的，这两种形式的改变都是可能的，但是这两种形式下的改变所造成的结果是不同的。当然，单次咨询的内容会根据来访者和咨询师所选择的改变形式而非常不同。

我举个例子。罗宾对工作很焦虑，于是来咨询。由于他具有高水平的编程技能，他被猎头推荐到一家薪水很高的大机构。然而，他的新工作环境管理非常严格，他的老板不能容忍编程错误。罗宾的咨询师问他，在新的工作环境中，他是在茁壮成长，还是在日渐凋零。他说，他在上一份工作环境中更能茁壮成长。在那里，他工作的公司很小，他有很大的自主权，编程中出现的错误也能被接纳。

罗宾的咨询师指出，他们可以选择两种方式咨询。第一种，咨询师可以帮助罗宾更好地处理他目前的处境，以解决他的焦虑问题，但即使实现了这一点，他仍将在一个无法茁壮成长的环境中工作。这种解决罗宾问题的方法就是我所说的聚焦个人的改变的一个例子。第二种，咨询师可以帮助罗宾认识到，不管他自己改变了什么，他都不会在目前的工作中感到快乐，他需要找一个能让他有发展的工作环境，在那里他被给予自主权，工作中的错误也只是被视为发展创新的一部分。罗宾很清楚这些，因此他选择了聚焦环境的变化。

60

聚焦并使用转调和弦

罗森鲍姆、霍伊特和塔尔蒙（Rosenbaum, Hoyt &Talmon, 1990）指出，咨询师的一个重要任务是证明自己能从来访者的框架中理解他们。然而，除此之外，咨询师还需要为来访者从解决他们问题的方面提供一个新的视角。"转调和弦"（pivot chord）的概念对单次咨询师在完成这两项工作时很有用。

罗森鲍姆等人（Rosenbaum et al., 1990:180）指出："在音乐中，转调和弦是一种含糊不清的和弦，它包含着不止一个音，所以这意味着音乐有多个不同的走向，促使从一个音过渡到另一个音。"他们继续说道："单次咨询治疗师的一个重要任务是通过诸如一个转调和弦变化的方式来分析来访者的困难。咨询师可以通过将症状置于一个更大的模式中来提供帮助，在这个模式中，问题里面包含了为来访者提供新方向的种子。"

斯丁博格（Steenbarger, 2003）讨论了一个叫汤姆的金融交易员，他因为工作而焦虑，于是来寻求帮助。他说他害怕被抚摸。在咨询时，他无意中提到他有一只叫"尼珀"的狗。为使汤姆停止日益严重的焦虑，斯丁博格向汤姆询问他的狗，发现唯一让他冷静下来的事情是，把尼珀放在他的腿上，然后抚摸她的腹部。斯丁博格让汤姆在咨询中去想象这个场景，当他这样做时，他能感觉到平静和温暖。在这一点上，斯丁博格（Steenbarger, 2003: 37）引入了转调和弦：

斯丁博格：当你带着焦虑醒来时，你想要怎样体验真正的抚摸？（*汤姆非常震惊。*）

汤姆：什么？

斯丁博格：尼珀式的抚摸。当你抚摸尼珀的时候，你让小狗感到被爱和被需要，这让你感觉很好。假如你像抚摸尼珀那样抚摸自己呢？

汤姆喜欢“给自己一个抚摸”这个主意，并以此作为处理压力的线索，而不是对自己的焦虑情绪感到不安。斯丁博格（Steenbarger，2003：38）这样总结道：“‘抚摸’是一个隐喻，它能在情感剧变的时候，将其转向更温暖的感觉，正是这个转调和弦使转变成为可能。”因此，抚摸自己既让汤姆焦虑，又可以缓解其焦虑。咨询师在来访者的框架中引入了模糊性，并帮助他通过运用转调和弦的概念来重新建构“抚摸自己”这一概念。

61

为改变做标记

这个问题经常在培训工作坊上被询问："单次咨询有效吗？"德莱登（2020）、霍伊特和塔尔蒙（Hoyt & Talmon，2014b）、霍伊特等人（Hoyt et al.，2018b）以及海门、斯托克和凯特（Hymmen，Stalker & Cait，2013）综述了大量关于单次咨询有效的证据。虽然让来访者知道单次咨询拥有强大的研究基础很重要，但对他们来说更重要的是："这个对我有效吗？"

为了回答后一个问题，来访者和他们的单次咨询师需要认清改变的标记。这里有两种不同的标记：结果标记和进步标记。从工作同盟的角度来看（见第 51 个关键点），重要的是咨询师和来访者对于这些标记的内涵达成一致。

结果标记

正如其名，结果标记代表一个清晰的迹象，那就是一个人已经找到了他的目标。这里有一些问题可以鼓励来访者去思考结果标记。

- "是什么让你相信你已经实现了你想通过咨询得到的东西？"（Talmon，1993：140-141）
- "当你不需要再咨询的时候，你的生活会是什么样子？"（Talmon，1993：148）
- "如果你解决了你的问题，你的生活会有什么不同？"

这些标记越具体越好，因为具体的标记清楚地表明了这个人是不是找到了他的目标。然而，单次咨询的本质就是只有来访者在自己的生活中实现目标之后，双方才会知道介入的结果。如果不进行随访，咨询师可能永远也不会知道结果标记是否实现。因此，简而言之，咨询双方商定的结果标记意味着对单次咨询的预期结果。它们指出来访者想要结束的地方，并显示这是否已经实现。

进步标记

假设一个来访者正乘坐火车从伦敦到格拉斯哥，中间有好几站。伦敦好比来访者的问题，格拉斯哥是他们想要去的终点，而中间的车站构成了他们朝着想要的结果所取得的进步。

考虑到这一点，对来访者和咨询师来说都很重要的是，要清楚并认可来访者的进步标记。这里有一些问题可以鼓励他们去思考进步标记：

- “你怎么知道情况已经开始好转了呢，即使只是一点点？”（Talmon，1993：143）
- “是什么让你觉得你在朝着目标前进？”
- “如果你被困住了，让你感到脱离困境的第一个迹象是什么？下一个呢？”

确实，鉴于单次咨询的性质，咨询师不会了解来访者进步标记所代表的成就。对咨询师来说，重要的是鼓励来访者记住这些进步标记，并建议他们建立一个系统去使用它们。值得注意的是，对于一些来访者来说，设置一个初始的进步标记已经足够了，如果设置了一系列的标记，反而不知所措，但对有的来访者来说，一个清晰的想法是有激励作用的。与其他问题一样，咨询师需要与来访者讨论应该使用哪种方法。

62

注意并鼓励改变

在前一个关键点中，我介绍了进步标记的概念。这些可识别的点意味着来访者朝着他们想要的目标已经取得的进步。我在前一个关键点中也指出了这一点，作为咨询师可能不会见证来访者这些进步标记所代表的成就，因为这些会发生在单次咨询结束以后，咨询师需要与来访者讨论怎么样能最好地注意到这些变化，以及如何使用他们取得的成就鼓励未来更多的改变。除了让来访者注意到他们思想上的变化以及受到的鼓励外，上述以改变为导向的焦点还可以通过以下方式来保持：

记录“注意变化”的日志

咨询师可以建议来访者坚持记录“注意变化”日志，这样来访者能够注意到关于其问题和目标的变化，什么时候在什么地方，来访者做了什么产生了改变。

引发他人的支持

在第 28 个关键点中，我讨论了咨询师帮助来访者在单次咨询中识别哪些人可以给予他们最多的帮助和支持非常重要。在目前的环境中，来访者可能会要求另一个人给他们反馈，这意味着这个人会注意到来访者相关的变化。在这样做的同时，当来访者应用他们从单次咨询中所学习到的东西时，这个人也会给来访者鼓励和支持。

63

聚焦在第二反应而不是第一反应

当一个人面对逆境时，他们的第一反应是“我有问题”，在单次咨询中帮助他们的一个方法是鼓励他们看到他们的第一反应不是问题，我们可以聚焦在这个问题的成因和解决方案上。

让我来举例说明这一点。首先来看看咨询师如何与一个有失败问题的来访者一起工作，她是在驾驶考试失败时来寻求咨询的。她最初遇到问题的反应是：“我是个失败者。”如表 63-1 所示，问题并不是来访者认为自己是个失败者这个第一反应，问题在于他们对最初反应的反应。因此，对“我是一个失败者”这一认知，我列出了五个有问题的（非建设性的）反应和两个建设性的反应。在与来访者工作的过程中，咨询师可以针对他们的后续反应，列出其他五种选择，并鼓励来访者选择他们认为能最好地解决其失败问题的选项。

表 63-1　人们对第一反应的后续反应往往比第一反应本身更重要（针对有问题的认知）

第一反应	后续反应	对健康的影响
我是个失败者	注意、接受、行动	建设性的
我是个失败者	反思并尝试新的想法	建设性的
我是个失败者	接受这是事实	非建设性的
我是个失败者	基于羞耻感的自我批判	非建设性的
我是个失败者	思考问题直到问题消除；当失败时进行自我批评	非建设性的
我是个失败者	心烦意乱	非建设性的
我是个失败者	思维压抑	非建设性的

注：困境＝没有通过驾照考试。

同样的方法也适用于另一位来访者，他总是在某种情境下有着自暴自弃的冲动。再说一遍，问题不在于冲动本身，这是他们对问题的第一反应；相反，问题在于他们对这种冲动反应的后续反应。同样，他们的解决方案也可以在他们的后续反应中找到。表 63-2 列出了一个有问题的回应和两个建设性的回应。

表 63-2　人们应对第一反应的后续反应比第一反应本身更重要（针对有问题的冲动）

第一反应	后续反应	对健康的影响
自暴自弃的冲动	冲动的行为	非建设性的
自暴自弃的冲动	注意、接纳并依照自己的价值观做出行动	建设性的
自暴自弃的冲动	发展对冲动的健康认知并且依照价值观做出行动	建设性的

注：困境＝在某种情境下，会出现这种冲动。

和前面一样，来访者与咨询师会就后续有问题的（非建设性）反应，列出另外两种选择并鼓励来访者选择他们认为能最好地解决其问题的选项。

64

寻找问题的例外

拉特纳、乔治和艾夫森（Ratner，George &Iveson，2012）指出，人性的易谬性意味着人类不仅有问题，而且他们不能完美地“解决”他们的问题。如果我们足够努力地寻找，问题里总有“例外”。这是焦点解决疗法的核心假设，事情不可能是一成不变的，无论是什么类型的问题，总会有例外，当我们做一些不同于问题的事情时，便是在酝酿一个可能的解决方案（Ratner et al.，2012:106）。

因此，单次咨询师的任务是帮助来访者找到问题的例外情况，从而有助于找到解决方案。以塔尔蒙（Talmon，1993）对帕特案例的讨论为例，帕特来接受减肥咨询。她住在家里，母亲经常因为她的体重而让她很困扰。她的咨询师发现，尽管帕特一直在努力减肥，但有一段时间，她认为自己的体重刚刚好。那是她上大学的时候，比较活跃。咨询师的策略不是关注她的体重，而是鼓励帕特把“例外”（她在离家上大学期间保持适合自己的体重）转化为“常规”。为此，帕特参加了一个研究生项目，让她离家住在学校里，并参加了舞蹈和歌唱课程，这些都是她喜欢的活动，但从大学毕业后就再也没有参加过。帕特的咨询只持续了一个疗程，但她被鼓励使用了一个她曾经使用过的解决方案并且在没有过分关注问题的状态下实现了目标。

这个案例表明，发现例外是在聚焦环境的模式中完成的（参见第 59 个关键点）。如果帕特不能离开家去上大学，那么咨询师就必须帮助她去寻找在和母亲一起生活时候的例外，或者帮助她以其他方式处理她和母亲的问题。

65

寻找目标已经出现的例子

在焦点解决治疗的发展过程中，已经从识别来访者出现问题的例外，发展到了识别和放大已经发生过解决方案（或目标）的例子（Ratner et al., 2012）。以丽塔为例。她害怕在工作中受到批评，她的目标是能够更好地处理来自老板的批评。当咨询师问她，如果她能更好地处理被批评的问题，她会怎么想、怎么感觉、怎么做时，她这样回答："我会想，虽然他的批评可能是有道理的，但这不会让我觉得我是个失败者。我可能会感觉到不舒服，但是并不会焦虑，如果我认为他的批评是不公平的，我会为自己辩护，如果我认为他的批评是公平的，我会感谢他。"

在引出了丽塔的目标之后，咨询师问她，在她的生活中，有没有什么事是她在面对批评时实现了自己的目标的。丽塔想了一会儿，然后回答说："是的，我经常和朋友们一起做这件事。我认为当我的朋友批评我时，我能很好地处理。"但是，她补充说："他们不会控制我的事业。"咨询师接着问丽塔，她的老板是否能控制或影响她的事业。丽塔再次思考这个问题。"我明白你的意思，"她说，"我一直假设我的事业掌握在他手里，但事实并非如此。是的，他有影响力，但我有自主权，即使他试图压制我，如果我坚持自己的立场，那么我可以做点什么。"

丽塔认为她不需要更多的咨询，因为她相信她可以实现她的目标，她在三个月后的随访中报告说她做到了。

丽塔的案例在我看来说明了很多事情：

• 人们常常能达成目标。

• 他们往往没有意识到这个事实，但在咨询师问及时，能够很快与此链接上。

• 即使他们意识到他们已经达到目标，虽然可能是在生活的不同领域，但经常需要有人帮助他们从一个领域迁移到另一个领域[1]。

• 在找寻例子的过程中，来访者通常会发现，如果要实现目标的话，还需要额外的信息来帮助他们解决问题。因此，丽塔认为她的老板控制了她的事业，这阻止了她实现自己的目标。当咨询师帮助她认识到情况并非如此时，这个障碍的消除就使她的问题得到了有效解决。

---

[1] 这个例子没有指明这一点，但是我发现情况通常确实如此。丽塔会很快看到她所期望的行为可以从一个领域迁移到另一个领域。

66

鼓励来访者多做有用的或可能有用的，少做无用的

单次咨询师会对来访者的问题采取不同的立场。如果他们是焦点解决取向的，他们只会聚焦于帮助来访者识别并朝着解决方案努力。然而，如果他们既是问题解决取向的又是焦点解决取向的，他们会花一些时间来评估来访者的问题。这样做的目的之一，是帮助他们自己和来访者了解来访者以前做过些什么来尝试解决问题。这种对以往解决方案尝试的评估是很重要的，因为它有助于咨询师和来访者了解来访者为了帮助自己做过哪些已经被证明在某种程度上是有用的事情，哪些是没有帮助的。

在一篇来自加州帕洛阿尔托精神研究所（Mental Research Institute，MRI）短程治疗中心（Brief Therapy Center）的有影响力的论文中，威克兰等人（Weakland et al.，1974）强调，帮助解决来访者那些他们在不知不觉中持续出现的问题的，是他们自己以及他们生命中的重要他人。由此可见，咨询师不仅需要知道来访者为解决问题做了什么，还需要知道他的重要他人做了什么。如果这些重要他人出现在单次咨询中[1]，他们可以自己来陈述，但是如果他们没有到场，那么来访者就需要报告这些重要他人在帮助他们解决问题方面做了什么。

---

[1] 正如我在前言中指出的，这本书主要关注单次咨询中与个体的工作。

咨询师可询问的问题

在接下来的内容中，我给咨询师提供了两类可以询问来访者的问题。第一类关注的是来访者自己已经做了什么（或者可以做什么）来尝试解决问题。第二类关注的是其他人已经做了什么（或者可以做什么）来帮助来访者解决问题。

咨询师询问来访者自己解决问题的尝试

- “你做了什么来解决这个问题？”对于来访者给出的每一个回答，咨询师都可以问：“对于这一解决问题的尝试，结果是什么？”

- “你做了哪些对解决问题有帮助的事情？是如何起效的？你愿意做更多这样的事情吗？”

- “你做了什么对解决问题没有帮助的事情？是哪些方面没有帮助？你愿意不再继续这样做或是减少这样做吗？”

- “有没有还没尝试过的，但你认为可能有用的事情？它是什么？你觉得它会怎样帮助到你？你愿意试试吗？”

咨询师询问来访者有关重要他人解决其问题的尝试

- “在你的生活中其他人做了什么来帮助你解决这个问题？”对于来访者给出的每一个回答，咨询师都可以问：“对这一解决问题的尝试，结果是什么？”

- “别人做了哪些有建设性的事情来帮助你解决这个问题？在哪些方面有建设性？你愿意让他们做更多这样的事情吗？”

- “别人做了哪些没有建设性的事情来帮助你解决这个问题？在哪些方面没有建设性？你希望让他们不再这样做或是减少这样做的次数吗？”

- “有什么是其他人还没有尝试过的，但你认为可能对你有帮助的事情吗？它是什么？你觉得它会如何有用？你愿意让他们去做吗？”

以上所有信息都有助于咨询师和来访者为问题制订解决方案，我们将在后面第78个关键点里详细讨论。

67

让咨询对来访者产生有用的情绪影响

用外行人的话说，在单次咨询中保持用脑和用心的平衡是很重要的。用脑太多会让来访者带着一些好的理论想法离开咨询室，但是没有促进改变的情感共鸣。如果用心太过也有风险，来访者会有一种情感宣泄的体验，但对于如何将这种体验应用到自己的生活中没有任何想法。在这方面，单次咨询师的目标是努力创造一种咨询环境，在这种环境中，咨询会对来访者产生有用的情绪影响，这种有用是指，他们的内心和头脑能够共同促进未来的改变。在讨论咨询师如何增加对来访者的情绪影响之前，我先提出一个警告，咨询师不应该在咨询过程中热情地唤起来访者的情绪。相反，他们应该温和地去寻找方法来帮助来访者将他们的感受与正在讨论的内容联系起来，这样他们就可以在寻找解决方案的时候把他们的思想和情绪整合在一起。

找到并使用一些真正能让来访者产生共鸣的东西

在帮助来访者解决问题和（或）寻找解决方案时，咨询师很难知道什么能与来访者产生共鸣，以下几点值得牢记。

利用对来访者有意义的语言

我们会建议单次咨询师仔细倾听来访者在咨询前接触和面询中使用的语言。如果他们经常使用某些词或短语，这可能是一个迹象，表明这种语言对他们来说是有意义的，尤其是如果它还伴随着情感。此外，咨询师可能会发现，来访者会对他们可能使用的某些词或短语产生情感上的反应。在这两种情况下，与来访者一起工作时，咨询师都应该努力使用这些语言，但不要过度使用。在过度使用的情况下，来访者可能会认为咨询师“聪明”或“虚伪”，这些都是要避免的。

利用相关意象

这同样适用于来访者可能使用的反复出现的意象。这样的意象可能暗示了来访者偏好的感官模式（如视觉、听觉、嗅觉或感觉），咨询师在处理这样的意象时，可以通过运用来访者的语言来和他们对话，鼓励其情感的投入。

利用视觉媒介和语言媒介

单次咨询主要是一种谈话治疗，因此，来访者和咨询师之间会有大量的语言交流。然而，为了加强单次咨询的影响，有时候将语言概念通过视觉呈现是很有用的，尤其是那些擅长通过视觉媒介学习的来访者。在图 67-1 中，我展示了“大写 I– 小写 i”技术，“大写的 I”代表一个人，他由无数个“小写的 i”组成。它表明一个人不能被他们的任何部分所定义。

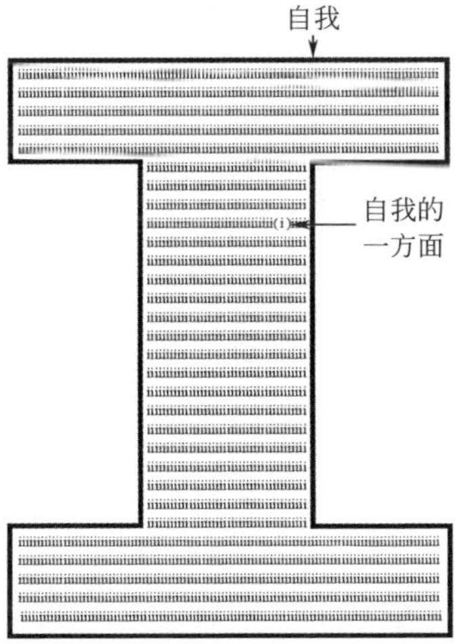

图 67-1　“大写 I– 小写 i”技术

参考来访者的核心价值观来促进改变

在我看来，对于单次咨询治疗师来说重要的是，在可能的情况下，在咨询前接触时，或者是面询时，发现来访者的核心价值观。这样做的目的是让咨询师可以利用它们来帮助来访者，将他们的目标和目标导向的活动与他们的价值观联系起来。当一个目标有核心价值观支撑时，与没有核心价值观支撑时相比，来访者会更坚定地朝着这个目标努力。

在接下来的 6 个关键点中，我将讨论一些可以帮助单次咨询治疗师在咨询中促进来访者改变的方法，使来访者能够从中获得最大收益。

68

使用来访者的优势和资源

在第 27 个和第 28 个关键点中，我指出了单次咨询的两大假设分别是优势导向和资源导向。在第一种情况下，单次咨询师的目的是帮助来访者识别他们的优势，这意味着他们可以将自己内在的积极面带到单次咨询中，并用来帮助他们解决问题。在第二种情况下，单次咨询师帮助来访者识别外部资源，这也可能帮助他们解决问题。

如果来访者已经填写了咨询前问卷，那么咨询师可能已经花了一些时间来帮助来访者认识到与其相关的优势和资源。如果是这样，那么咨询师可以在面对面的咨询中利用这些信息，鼓励来访者在考虑用什么方法解决他们的具体问题时，选择特定的优势和资源。为了达到这个目的，咨询师查阅手头的咨询前问卷是很重要的。

在面对面的咨询过程中，讨论优势和资源最好的时机是，当咨询师和来访者已经就需要解决的问题和设定的目标达成一致的时候。在探索可能的解决方案时，咨询师可以尝试每一种可能的解决方案并提问：

① **“在实现这个可能的解决方案时，你可以使用哪些优势？”**咨询师可能需要提醒来访者那些他们在咨询前接触中发现的优势。尽管来访者可能有一个或多个普遍适用的优势，但他们需要认识到，他们可能需要在不同的潜在解决方案中使用不同的优势，这一点很重要。

② **“在实现这个可能的解决方案时，你可以利用哪些资源？”**同样，在考虑潜

在的解决方案时，某一资源可能比其他资源更相关。例如，当涉及利用他人提供支持和帮助时，某些人可能比其他人拥有更多相关的专业知识，这需要来访者在考虑不同的潜在解决方案时，思考向谁寻求帮助和支持更合适。

如果来访者未填写咨询前问卷，那么咨询师就必须花一些时间帮助来访者确定自己的优势和资源，以及如何在选择解决方案的过程中加以利用。

69

利用来访者的榜样

向来访者发送咨询前问卷时，有些咨询师可能会询问来访者关于他们所知道的可能成为其榜样的人，无论是一般的人还是有知名度的人。在单次咨询中这可能有两方面的帮助：一是作为一个可以模仿的人；二是作为可能支持来访者的人。

一个可以模仿的榜样

首先，当考虑可能的解决方案时，来访者可能选择一个他们认为具备某些技能和品质的榜样，这个榜样成功实现了来访者设定的目标。咨询师首先询问来访者这些具体技能和品质是什么，以及是否可以模仿它们。如果这个人认为他可以，那么咨询师就会鼓励来访者想象以他们自己的方式去模仿这个榜样。如果他们能够成功地做到这一点，那么他们选择的潜在的解决方案变成他们最终解决方案的机会就会增加。

什罗夫（Sharoff，2002：115-116）列出了单次咨询师可以使用的一些步骤，以帮助来访者找到一个可以帮助他们解决问题的榜样：

① 确认榜样。

② 克服成为榜样的阻碍。

③ 呈现榜样和来访者之间的相似性。

④ 鼓励来访者对榜样身上的出众技能以及他们是怎么做到的产生好奇心。

⑤ 确认榜样身上的技能以及他们是怎么做到的。

⑥ 与来访者达成协议，一同来发展这些技能。

⑦ 教会来访者如何施展所需的技能。

以咨询师为榜样

在第 24 个关键点中，我在讨论咨询师的开放性时提到了咨询师的自我暴露。如果咨询师经历过与来访者类似的问题，并且已经克服了，那么咨询师可能会谈到这个问题，并详细说明他们做了什么。然而，我的建议是，咨询师只能在解释了自我暴露并征得来访者的同意之后才这样做。当咨询师自我暴露后，他们可以在来访者决定是否接受他们认为有帮助的信息之前，与来访者讨论其适用性和价值，即使来访者没有在咨询师的自我暴露中找到有用的部分，有时听听这些也会促进他们思考解决自己问题的策略。

一个支持性的榜样

虽然来访者常常会选择知名人物作为榜样，但他们通常不是来访者直接认识的人，一个支持性的榜样通常是来访者认识的，是来访者很欣赏的，并且可以被理解为是“来访者的依靠”。这意味着这个人会将来访者的利益放在高于一切的位置上。这通常是一个家庭成员，比如父母、祖父母或兄弟姐妹。来访者可能被鼓励直接向这个人寻求支持，或者在他的脑海中想象这个人在支持他。

如果一个来访者的后援会有这两种类型的榜样，那么这通常是一种有力、积极地促进改变的力量。

70

利用恋地情结

根据我的经验，有能力的单次咨询师会考虑使用不同的方法让咨询更有效，并尝试一些在咨询内部和外部都能找到根源的有效策略。外部资源的一个例子是关于对人类幸福有意义的地方的积极影响的研究（National Trust，2017）。正如报告所说，“诗人奥登（W.H. Auden）在 1948 年创造了‘Topophilia’这个词，用来描述人们对地域产生的强烈感觉，经常与他们的认同感和潜在的归属感混合在一起”（National Trust，2017：3）。

这项研究通过一个针对 2000 人的在线调查，以及 20 人的核磁共振成像研究显示，在杏仁核（是大脑处理情感的核心区域）中，人们对特别地域的反应，远高于对那些有意义的物品诸如照片或结婚戒指的反应。因此，对我们来说，有重要意义的地方可能比对个人来说重要的东西更具有情感上的重要性。

这一发现可以用在单次咨询的几个方面。首先，咨询师可以帮助来访者描述在他们的成长过程中对其有积极影响的地方，并让他们在咨询开始时就带着对这个地方的想象，这是能够帮助来访者带着幸福感进入咨询的一种方式。其次，在确定了对来访者有特殊意义的地方后，咨询师可以让来访者在特定的时间点想象这个地方，例如：①当他们设定咨询目标时；② 当他们寻找问题的最佳解决方案时；③在想象自己的问题得到解决时。最后，咨询师可以建议来访者在可能的情况下亲自去那个地方。对来访者来说，这一有特殊目的的到访，能够使他们在可能给他们动力的环境里，重新对解决问题做出承诺。

71

利用故事和寓言

对于单次咨询师来说，有时使用一个相关的故事或寓言是有帮助的，它以一种对来访者来说可能是有意义和值得记住的方式呈现，并且与他们的问题和（或）潜在的解决方案相关。以下是我在单次咨询中使用过的三个故事 / 寓言。

塞翁失马

我用下面的故事来帮助那些无法从逆境的直接后果中看到更长远结果的来访者，以及那些能够从长远的视角看待事物并从中受益的来访者，还有那些能够同时看到事物的两面性并从更多元的世界观中受益的来访者。

从前，有一位农夫，他的马跑了。那天晚上，所有的邻居都来同情他："听说你的马跑了，这真是太糟糕了，我很难过。"

农夫说："也许吧。"

第二天，这匹马回来了，还带着七匹野马。傍晚时分，所有的邻居都围过来说："哇，你真是太幸运了！事情发生了如此大的变化。你现在有八匹马了。"

农夫说："也许吧。"

第三天，他的儿子想驯服其中的一匹马，结果被马甩了出去，摔断了腿。那天晚上，所有的邻居又都来了，说："哦，亲爱的，真是太糟糕了。"

农夫说："也许吧。"

第四天，征兵官员四处征新兵，他们不要这个农民的儿子，因为他摔断了一条腿。那天晚上，所有的邻居都来了，说："那不是很好吗？"

农夫说："也许吧。"

如果他们不明白我的意思，我就给他们看艾伦·瓦茨（Alan Watts）讲述这个故事的 YouTube 视频结尾所说的话：

整个自然界进程是一个非常巨大的复杂进程，真的不太可能告诉你发生的事情是好事还是坏事，因为你永远不知道倒霉后会发生什么，也永远不知道好运过后会发生什么。

"你必须首先引起它的注意"（Minuchin&Fishman，1981）

我把下面的故事告诉这样的来访者，他们声称人们不听他们的，其问题根源于他们没有被倾听。

一个农夫有一头驴，叫它干什么它就干什么。叫它干活时，它就去干活。叫它停下来时，它就停下来。叫它吃的时候，它就吃。一天，这个农夫把这头驴卖给了邻居。他告诉他的邻居，只需要对驴说："来吧，我亲爱的驴，让我们去干活吧。"驴就会服从他的命令。把这头驴安顿在新棚里几天后，新主人兴奋地走进棚子说："来吧，我亲爱的驴，让我们去干活吧。"但是驴没有动，同样的情况发生在之后的每一天。新主人很生气，就去找农夫要回他的钱。农夫很迷惑，于是第二天早上去调查发生了什么，于是他和他的邻居来到驴棚，四处看了看，捡起一块木板，用它敲驴的鼻子说："来吧，我亲爱的驴，让我们去干活吧。"驴就开始干活了。新主人非常惊讶，询问农夫用了什么方法。"我非常抱歉，"农夫说，"我忘了告诉你一件重要的事。你必须首先引起它的注意！”

睿智拉比的故事

当人们面对无法改变的困境时，我用下面这个故事来告诉来访者，他们可以忍耐他们认为自己无法忍受的事情，因为事情往往会有更糟糕的时候。

许多年前，一对虔诚的犹太夫妇和两个哭闹的孩子同住在一个房间里，这让他们感到很痛苦。他们都认为自己无法忍受这一处境，感到很郁闷。作为正统的犹太人，他们向当地的拉比寻求建议。拉比是一位睿智的老人，他的建议备受人们的尊敬。听完这对夫妇的故事后，他建议他们邀请双方父母同住，并在一个月后回来汇报进展。这对夫妇对这个提议很困惑，但是作为一个虔诚的犹太人，他们严格执行了拉比的建议。

一个月后，他们回到拉比那里，比以前更加痛苦。“拉比，我们已经无计可施了。事情越来越糟了。双方父母都在争吵，孩子们的尖叫声比以前更大了。”拉比仔细地听着，然后说出了下面的话：“我希望你们回家后，把你所有的鹅和鸡从院子里收起来，让它们和你、你的孩子、你的父母住在一起，一个月后再来找我。”

如果说这对夫妇上次听到拉比的建议是感到困惑的话，他们这次听到拉比的建议简直是目瞪口呆，但作为虔诚的犹太人，他们还是不折不扣地听从了拉比的建议。

一个月后，他们回来了，一筹莫展。“我们正处在崩溃的边缘，拉比，”他们说，“动物们制造了一片混乱，我们的父母几乎打了起来，孩子们的尖叫声大到在村子的另一端都可以听到。我们真的很绝望，求求你帮帮我们！”

拉比再次耐心而平静地听着，然后说：“我想让你们回家，把鹅和鸡放回院子里，让双方父母都回家，一个月后再来看我。”

一个月后，这对夫妇回来了，看起来很高兴。“情况好多了，拉比。你不知道，它是如此平静。孩子们还在尖叫，但现在已经可以忍受了。你帮了我们大忙，拉比，谢谢你。”

与所有的故事和寓言一样，单次咨询师在故事结束时需要询问来访者从故事中学到了什么是很重要的。如果没有这样做，可能意味着来访者从中带走了错误的或不相关的信息。如果他们抓住了故事或寓言的要点，那么单次咨询师可以与他们讨论如何应用相关的原则来帮助他们解决问题。

72

利用幽默

虽然单次咨询是一件严肃的事情，但并不一定要以严肃的方式来进行。幽默在咨询中的应用经常被讨论，有支持者也有批评者（Lemma，2000）。它的支持者之一是艾伯特·埃利斯（Albert Ellis），他是理性情绪行为疗法（Rational Emotive Behavior Therapy）的创始人。埃利斯（Ellis，1977）认为，出现心理问题的一个原因是，一个人把自己、他人和（或）生活看得太严肃了，因此，咨询师可以通过鼓励来访者采用幽默的视角来帮助他们。只要他们有幽默感，就可以在单次咨询中利用幽默来达到最好的咨询效果。遗憾的是，根据我的经验，并不是所有的咨询师都有幽默感。此外，来访者可能也没有幽默感，如果他们有幽默感，他们可能认为幽默不应该出现在咨询中。考虑到这些，咨询师在单次咨询中使用幽默时需要非常谨慎。

在这里，我的方法是直接问来访者，他们是否认为幽默在咨询中有一席之地，如果我谨慎地这样做了，他们是否会重视我提供的幽默视角。按照这样的做法，我用幽默进行干预的效果通常是立竿见影的。

斯瓦米纳坦 （Swaminath，2006）认为咨询师使用幽默，在以下几个方面对来访者有潜在的帮助：

- 它创造了一种更轻松的氛围，有助于打破障碍；
- 它可以传达这样的信息，即咨询师是有同情心的；
- 如果使用得当，它可以在咨询之间建立信任和共情；

- 它可以使来访者放松和更自由地交谈；
- 它可以简洁有效地传达信息；
- 鼓励在敏感的问题上进行沟通；
- 它可以成为洞察冲突的源泉。

此外，在我看来，咨询师的幽默可以最好地帮助来访者，因为它能在一个唤起情感的场景里促进建设性的认知改变（Dryden，2017，2022a）。

73

运用悖论

当咨询师鼓励来访者在单次咨询中使用悖论时，他们会通过给来访者开出对症下药的处方来进行。正如在第 57 个关键点中所讨论的，来访者尝试处理问题，但结果反而使其问题一直持续。例如，一个睡眠有问题的来访者，他所有的努力都是为了睡觉，结果却格外清醒。当单次咨询师建议使用悖论时，他们鼓励来访者通过保持清醒和抗拒入睡这两种倾向来解决问题。如果这个人这样做了，他们就是在用一种不同的方法解决问题，尽管这种方法违反直觉，但通常是成功的。

另一种看似矛盾其实有道理的技术就是所谓的反证法。在这里，人们被鼓励夸大问题，通常用一种极端的方式。以一位害怕出汗的来访者为例。他们用各种方法来隐藏问题。这些方法可能包括穿深色衣服、站在打开的窗户附近、携带便携式风扇、避免吃辛辣食物。然而，鉴于焦虑矛盾的本质，正如我上面提到的那个有睡眠问题的人，这个对出汗很焦虑的人恰恰是通过遮掩和使用各种避免出汗的办法使出汗问题一直持续下来。咨询师使用反证法，鼓励来访者多流汗，而不是少流汗，看看他们是否能用自己的汗水淹死别人。努力流汗而不是不流汗，努力让事情变得明显而不是隐藏起来，重点从根本上发生了改变，这常常导致问题减轻，因为人们获得了对这个问题的掌控感（Fay，1978）。

正如福尔曼（Foreman，1990）所指出的，在使用这些技术之前，获得来访者的同意是很重要的，因此，咨询师需要明确使用这些技术的理由。通过这种方式，咨询师在实践 SST 的过程中也是遵守伦理道德的。

74

利用“朋友技术”

许多来访者身上都存在这样一种现象，对于同一件事情，他们对待和看待自己的方式与对待和看待他人的方式是不同的。因此，对这些来访者来说，让他们对自己和他人的态度变得一致，可能是一个解决方案。单次咨询师会使用“朋友技术”来促进这一过程。

“朋友技术”

“朋友技术”的目的是帮助来访者看到他们对好朋友的态度比对自己的态度更宽容、更有同情心。在这里，咨询师可以鼓励来访者对自己采取同样宽容和同情的态度。这是单次咨询版的“如何成为自己最好的朋友”，也是用于解决自我贬低问题的最好方式。下面是这样的一个例子：

咨询师：由于你失去了工作，所以你感到抑郁，这和你认为自己是个失败者的态度有关，因此导致了你的抑郁。是这样吗？

来访者：是的。

咨询师：现在我要帮你检查一下这种态度。你最好的朋友叫什么名字？

来访者：莎拉。

咨询师：现在让我们假设莎拉来找你，告诉你她失去了一份她很看重的工作。你会对她说“滚出我的房子——你是个失败者”吗？

来访者：当然不会。

咨询师：你会认为她是个失败者吗？

【这是一个重要的步骤，因为来访者有可能会认为她的朋友是一个失败者，虽然她不会这么说。】

来访者：不会。
咨询师：如果她丢了工作，你会怎么想？
来访者：嗯，这不会改变我对她的看法。即使她犯了一个严重的错误，她仍然是那个莎拉。
咨询师：同一个容易犯错的莎拉？
来访者：当然。
咨询师：那么，让我直说吧。莎拉丢了工作，她还是那个容易犯错的莎拉。你失去了工作，你就是个失败者。是这样吗?
来访者：我明白你的意思了。
咨询师：我想你有三个选择。第一，如果你失去了工作，你把自己看作是个易犯错误的人。第二，如果莎拉或其他人失去了工作，你把他们视为失败者。第三，用同样的规则对待你自己和他人。你愿意选择哪个?
来访者：第一个。
咨询师：好的，我来帮你做到这点，我们可以讨论任何可能出现的障碍。好吗?
来访者：好的。

“朋友技术”有很多变体。例如，咨询师可以问来访者，如果他们在以后的生活中失去了工作，是否会告诉孩子他们是一个失败者，如果他们说不是，可以列出同样的上述三个选择。附带说一句，很少有来访者这么说：“是的，我会告诉我的朋友（或小孩），如果他们失去了工作，他们就是个失败者。”但如果他们这样做，这种迹象表明咨询师和来访者可能需要不止一次咨询来处理来访者的消极态度！

75

利用空椅子技术

在单次咨询中使用空椅子技术[1]可以让来访者更有活力，并且在理性和情感上都能收获更多。凯洛格（Kellogg，2007:8）说：

> 空椅子技术是一种心理咨询技术，通常会使用两个面对面的椅子。来访者坐在一张椅子上，想象对面这把椅子上坐着家庭成员或其他人，然后与他们对话，或者，来访者在两把椅子之间来回移动，从他自己的不同角度说话。

凯洛格（Kellogg，2007）指出，有五种核心方法可以将空椅子技术用于咨询，其中四种在单次咨询中特别有效[2]。

外部对话

在外部对话中，来访者被鼓励与他们有话要说的人交谈，他们因为没有说出来而感到痛苦。来访者可能无法与这个人说出这些，可能因为那个人已经死了，或者无法与他交谈。咨询师为来访者提供了直接与这个人对话的机会，说出想要说的，当有需要的时候，可以切换座椅，从他人的立场来回应自己。单次咨询师对在多大

[1] 对于空椅子技术，我推荐阅读皮尤（Pugh, 2019）或凯洛格（Kellogg, 2015），全面了解心理咨询中空椅子技术的应用。皮尤（Pugh, 2021）基于空椅子技术开发了单次咨询的实践框架。

[2] 第 5 种核心方法是与梦境有关的。

程度上引导这个过程，以及试探性地说出来访者未说出的内容有不同的看法。但是，如果来访者认为这样做可能有助于解决他们的问题，咨询师都倾向于认可帮助来访者“完成”或“结束未完成的工作”的重要性。

内部对话

当单次咨询师建议使用内部对话的空椅子技术时，是为了处理来访者的个人内部冲突。扬等人（Young，Klosko & Weishaar，2003）认为，来访者一旦确定了“自我”的不同部分，给它们起名字可能会很有用（比如：“批判性的拉尔夫”“富于同情心的拉尔夫”）。在单次咨询中，这些所谓的“内心批评”是很常见的，咨询师可以帮助来访者解决这样一个惩罚性的“自我部分”，他们通过鼓励来访者在“健康”的椅子上来回应这样一种苛刻和极端的声音，来促进灵活性和非极端性的发展。凯洛格（Kellogg，2007）提出的另一种应对内心批评的方法是，鼓励来访者坐在“受伤的自我”的椅子上，将自己的痛苦与坐在另一把椅子上的“批评的自我”联系起来。

这项工作的一个重要部分是帮助来访者建立一个健康的替代方案来取代内心的批评，并解决来访者对这样做的怀疑、抵触。

修正对话

如果单次咨询师和他们的来访者发现后者的问题是由一种不适应的态度造成的，那么来访者可以坐在一把椅子上用语言表达出来。咨询师和来访者首先要找到一种可以替代原有态度的健康态度，然后来访者可以在两把椅子之间来回转换——讨论这两种态度。或者，来访者可以用空椅子技术开发一种态度来替代不适应态度。这项工作可能变得非常情绪化，并有助于解决来访者的问题，即来访者在理智上理解了这种新态度，但在情感上并不能真正感受到这种态度（Goldfried，1988）。

角色扮演

在单次咨询中，最后一种核心方法是和来访者发展一种技能（例如：坚定），使来访者在角色扮演的情况下坚定自己的主张。把另一个人放在一把椅子上，来访者可以和那个人练习坚持自己的主张，可以是来访者（换椅子）也可以是咨询师扮演另一个人的角色。如果来访者在角色扮演中难以表现出自信，咨询师可能会塑造一个健康的角色。此外，咨询师在扮演另一个人时可以增加难度，以鼓励来访者在发展这一技能时获得自信。

76

将意义转化为有用、好记的短语

单次咨询师面临的挑战之一，是帮助来访者在他们解决问题的过程中带着一些有意义的东西离开咨询室。通常，这种以解决方案为导向的咨询反映了一些对来访者来说有意义的改变。它可能是一个与问题有关的情景的重塑，一个推断或解释或态度的改变（见第 58 个关键点）。人们越能记住这一点，就越有可能将其应用到与问题相关的情景中，从而实现他们的目标。单次咨询师如果能够帮助来访者将相关的意义变化转化为他们当时就能用的一个简短的、可记忆的短语，那么实际上，就是帮助来访者从这个过程中获得最大的收益。这些短语可以作为来访者的个人格言。

一个关于我自己的案例

在第 4 个关键点中，我讨论了我是如何通过听迈克尔·本廷（Michael Bentine）在广播中讲述他是如何帮助自己解决口吃，以此来帮助我克服问题的。他提到，他所做的是学会了如何从口吃恐惧中摆脱出来，并尽可能多地与他人交谈。我把他的意思变成了我自己的格言："如果我口吃，我口吃的水平也太差了。"后来，我从我的口吃中认识到不认同的重要性，并将其转化为："我有时会口吃，但我不是一个口吃者。"

一个单次咨询案例

现在我举一个在单次咨询中，把意义转换成一个有用的、令人难忘的短语的例子。我的一个来访者布莱恩，他因为对妻子很生气来向我寻求帮助。妻子想让他们俩都上交际舞课，但他拒绝了，并想尽一切办法让妻子放弃这个想法。他越努力，他的婚姻越危险，也越来越愤怒。因为他无法改变妻子，他想尝试通过改变自己的行为来影响妻子。他喜欢这样的比喻：他试图改变妻子，却让自己陷入了一个越来越大的坑。一旦他放弃了这种行为，我们就可以重新审视他的选择，也许他可以和妻子一起去跳舞。一旦他不再坚持让妻子放弃一定要他一起跳舞这件事，他就对跳舞这件事表现得更顺从。后来我听说他确实和妻子去跳舞了，虽然不太喜欢，但妻子不再问他了，因为他表现出了愿意。他告诉我他引用了一个咨询中他用过、现在还在用的短语，这个短语概括了他从我身上学到的东西。那句话是：“别挖坑了，开始跳舞吧！”

77

帮助来访者找到缺失信息并纠正其错误信息

许多单次咨询师认为，他们的主要任务是通过找到来访者已有的优势，然后鼓励他们将这些优势应用到有问题的情境中来帮助他们解决问题。这些咨询师认为，他们没有时间来帮助来访者发展他们尚未掌握的技能。有的单次咨询师认为他们有时间这么做。然而，在某些情况下，一个人的问题既不是因为没有应用已有的技能，也不是因为他没有重要的技能，而是由于缺乏信息或者获取了错误信息，如果他拥有了那个信息或者是纠正了错误信息，就能使他们解决问题。

在这种情况下，单次咨询治师可以通过向来访者提供缺失的信息或纠正错误信息来帮助他们。

两个案例

在这里，我将给出来访者的缺失信息和错误信息以及我是如何处理它们的两个例子。

第一个例子是，很多来访者认为消除负面体验是可能的，比如痛苦的情绪、有问题的想法和行为冲动。基于此，他们会尽最大努力去消除麻烦的体验，而这样做只会导致这个麻烦的体验一直持续。这是怎么发生的呢？来访者经历的那些不想要的感觉、想法或冲动越多，他们就越想要消除它。他们越想要消除它，这种不想要的东西反而会持续或更多。这样一来，这个问题就进入了恶性循环。

在这里，单次咨询师会通过纠正来访者的信息来帮助他们，并给他们解释说，消除经验是不可能的，接受它的存在反而会更好，这也就是众所周知的正念方式。咨询师可能会让来访者想象一只白色北极熊，然后让他们尝试消除自己所有关于北极熊的想法。来访者会发现一个很矛盾的现象，那就是这只北极熊一直在他的脑海里（参见第 73 个关键点）。然后，咨询师可能会就此向来访者解释并教给他们正念接纳的基本原理，并借助这头北极熊练习正念接纳。

第二个例子是，一对夫妇来接受咨询，由于女方感染了艾滋病毒，所以他们正在为是否生孩子做艰难抉择。他们认为如果生孩子，这个孩子就不可避免地会携带病毒。这名妇女当时正在接受抗艾滋病毒治疗，无法检测到病毒载量。咨询师告诉他们，他们的想法是错误的，尽管病毒有可能从母亲传给孩子，但 99.5% 的 HIV 阳性母亲所生的孩子出生时并没有感染艾滋病毒。这对夫妇很惊讶，然后决定尝试生育孩子，并认为自己不再需要进一步的咨询。

78

就解决方案达成一致

在咨询过程中，会有一个时刻，咨询师和来访者需要就其问题的解决方案达成一致，前提是这正是来访者寻求的帮助类型（见第 22 个关键点）。正如本书第 55 个关键点所讨论的那样，问题是指不受来访者欢迎或对其有害的事情或情境，需要处理或克服。不管咨询师是否决定处理来访者的问题，都需要知道他们的工作目标是什么，即来访者的目标是什么[1]，这一点非常重要。这可能是一种标志着来访者从困境中解脱出来并开始解决问题的状态，也可能是一种来访者没有问题的状态。更确切地说，目标代表了来访者的抱负或努力。根据单次咨询的性质，咨询师不会知道来访者是否实现了他们的目标，除非进行了后续咨询（见第 87 个关键点）。

解决方案是解决问题或处理困难情境的一种方法。它能够使人达到自己的目标。正如第 56 个关键点中的图片所示，解决方案是问题和目标之间的桥梁。在讨论单次咨询可以选择什么类型的解决方案之前，我想说明的是，咨询师和来访者就他们想要实现的解决方案达成一致是非常重要的。这是我在第 51 个关键点中讨论工作同盟时的一个重要方面。

单次咨询中解决方案的类型

虽然单次咨询没有固定的结构，但会有不同的阶段。在单次咨询的早期阶段，

[1] 这里必须区分来访者希望通过咨询实现什么（即，他们的咨询目标）和他们希望针对问题实现什么（即，他们的问题相关目标）。

咨询师和来访者关注的是创造一个焦点并理解来访者在咨询中想要实现的目标。在咨询的中间阶段，双方考虑可能的解决方案，并在某个时候选择一个来访者愿意集中精力的解决方案。在咨询的最后阶段，来访者练习解决方案，如果可能的话，制订一个实现解决方案的计划，然后说再见。来访者选择的解决方案类型往往反映了第 58 个和第 59 个关键点中所讨论的咨询焦点。这里主要讲解决方案的类别：

环境解决方案

如果来访者的问题源于他们处在一个可以改变的令人厌恶的环境中，那么对他们来说改变是有意义的。例如，琳达在一个非常挑剔的环境中工作，它要求人们快速做出决定。琳达在这样的环境中无法健康成长。相反，她意识到，她需要一个鼓励她的工作环境，而且她能有时间在做决定之前把事情想清楚。很明显，琳达无法改变自己来适应现在的工作，所以她决定换工作。

行为解决方案

当来访者的问题是由于他们的行为缺陷，或者是由于他们的行为引发了负面影响，针对行为的解决方案是最好的选择。

认知解决方案

认知解决方案是指让来访者改变他们对问题某些方面的看法。对此有许多不同类型的解决方案。

态度的改变。这种改变需要来访者对他们所面临的困境采取不同的观点。改变观点的目的是帮助他们摆脱困境，如果可能的话，则可改变逆境，如果不能改变就试着建设性地适应这种困境。由于认知和情绪紧密相连，态度的改变也能使来访者在面对困境时产生建设性的情绪。

推断的改变。正如第 58 个关键点所讨论的，推断是对现实的一种直觉，它可能是准确的，也可能是错误的。当来访者出现问题时，可能是因为他们对情况做出了扭曲的推断。改变推断的解决方案则需要他们退后一步，检查证据，并意识到他们的推理是不准确的，而一种更良性的推断能更好地解释现实。当改变了推断后，这个人就解决了自己的问题。

重构。重构包括咨询师帮助来访者将他们的问题放到一个新的框架中，这样问题对他们来说就不再是问题了。第 53 个关键点简要讨论了这种改变的一个例子。

认知行为解决方案

认知行为疗法（CBT）是基于这样一种理念，即当一个人做出认知上的改变时，只要有可能，他们就应该做出一种互补性的行为上的改变，这样这两种改变（认知改变与行为改变）就可以协同工作、相互促进。如果来访者能够找到并实现这样的解决方案，那么它就为实现他们的目标提供了一种强大的手段。

79

鼓励来访者在咨询中练习解决方案

一旦来访者和咨询师就解决方案达成一致[1]，那么，如果可能的话，咨询师应该鼓励来访者在咨询中练习解决方案。这样做有很多原因。

① 使来访者对实现解决方案有了初步的体验，并帮助他们确定这个解决方案是否有效。

② 给咨询师和来访者提供了基于演练的经验，咨询师可据此观察给出的提示对方案进行修改。

练习的形式

来访者可以通过多种方式在咨询中练习解决方案。

内心演练

内心演练是指来访者在脑海中想象自己正在实施解决方案。

行为解决方案的内心演练。当来访者想象自己把他们选择的行为解决方案付诸实践时，那些方案最好是他们能在现实生活中实际操作的，而不是一个无法实现的

---

[1] 同样，我假设这里的来访者已明确表明希望解决的问题是什么。

完美方案，因为达不到理想的标准很有可能会阻止他们继续坚持这个行为解决方案。

如果来访者很难想象自己正在实施他们的行为解决方案，咨询师可以鼓励他们想象他们的一个榜样正在这样做，同样是现实的方案，而不是完美的方案。然后他们可以模仿榜样，但要用自己的方式。

认知解决方案的内心演练。这样的演练比较困难，但也是可能的，特别是当咨询师鼓励来访者进入解决方案的思维模式，并在适当的情况下使用精练的格言，这是一种简短而有力的提醒（见第 76 个关键点）。

认知行为解决方案的内心演练。当来访者想象自己在保持一种健康心态的同时，也在进行建设性地行动，那么这种结合会强有力地促进改变。

行为演练

行为演练是指来访者在咨询过程中练习行为解决方案。当行为演练涉及来访者以不同的方式对待另一个人时，来访者可以在这样做的时候，同时想象另一个人的存在，或者咨询师可扮演另一个人的角色。

如上所述，这样做使来访者和咨询师都能对来访者的行为进行反思，并做出适当的修改，然后将这些修改合并到行为演练的重演中。以这种方式工作，来访者最终会得到一个更清晰、更精炼的行为解决方案。

与内心演练中的认知行为解决方案一样，当来访者在咨询中练习这个解决方案时，咨询师可以先鼓励来访者在排练这些行为之前调整到较好的心态，并且在整个解决方案的实践中，都保持这种心态。

当行为演练（以及认知行为演练）不涉及另一人时，咨询师可以利用自己的创造性，建议来访者如何在咨询中进行练习。例如，我曾经在一次单次咨询上看到一个人，他专注于自己的拖延行为。他发现要从舒适状态过渡到暂时的不舒适状态特别困难。他一直在等待实现这一过渡的动机，因此他一直拖延。在认知上，我们提出了一个解决方案，他不需要动力就能开始工作，在行为上，他需要练习从舒适状态过渡到不舒适状态。他非常舒服地坐在我的咨询室里，然后站起来演练他的认知解决方案。他这样做了好几次，在排练结束时，他感到更有信心使用这种认知行为解决方案来解决拖延问题。

另一个非人际的认知行为演练的例子来自赖内克等人（Reinecke et al., 2013）。他们给有惊恐障碍的来访者介绍认知行为理论，以帮助他们理解惊恐障碍症一直存在的因素、如何有效地处理以及他们需要做些什么来解决它。然后给来访者提供一个立刻演练方案的机会，是在一个锁着的房间里练习。这种演练是证明单次咨询有效的一个关键因素。

空椅子技术

正如第 75 个关键点所讨论的，空椅子技术是来访者使用椅子促进自己与他人或与自己的不同部分进行对话来解决问题，因此，空椅子技术给了来访者一个可以对话的演练机会。我在第 75 个关键点中展开讨论了在单次咨询中如何使用空椅子技术（另见 Pugh，2021）。

80

让来访者总结咨询过程

当单次咨询接近尾声时，咨询师需要考虑如何结束这次对话，所以需要在已经进行的对话和即将发生的事情之间建立一种联系，因为咨询是来访者改变进程的一部分，甚至在咨询师和来访者见面以前就已经发生，并且在结束后还会持续下去。

在这个时候，咨询师会向来访者总结这次咨询（Talmon，1990，1993）。然而，我的做法是先邀请来访者总结此次咨询。我这样做有两个原因：第一，我希望来访者在对话中尽可能表现积极，让他们来总结符合这一原则；第二，来访者提供的总结展示了他们当时的想法，而这些是我想要添加进总结里的内容。

总结的构成

无论咨询师是否会回顾整个咨询过程或是为来访者的总结提供补充，一个好的总结应该包含以下内容（Talmon，1990，1993）。

• 对来访者的问题以及与问题相关的目标的陈述。咨询师应该对来访者在这个问题上的困难表示共情，并对目标能够实现表示乐观。

• 对针对问题和（或）目标已经做过的工作的回顾。

• 对解决方案（以及相关学习）的清晰陈述，以及来访者身上那些可以带来影响的优势和可以利用的任何资源。

81

来访者可以带回家的东西

在第 79 个关键点中，我讨论了来访者在把解决方案带回家之前，在咨询中先进行练习的重要性。带回家的东西是指来访者与咨询师共同创造的，可以帮助来访者实现解决方案的可以“带走”的任何东西。

在可能的情况下，来访者拿到一份手写的可带回家的东西是很有用的。这就提出了谁应该提供这份手写记录的问题。一些单次咨询治疗师倾向于提供一份涵盖要点的书面笔记，并在咨询结束时交给来访者。这对于那些希望从咨询师手中带走一些东西的来访者来说尤其有价值。还有一些咨询师更喜欢让来访者自己做这样的笔记，因为这样能增加来访者对笔记的拥有感。接受多元主义咨询的咨询师往往会问来访者，他们更喜欢哪种咨询方法。也许这里最重要的因素是澄清（见第 33 个关键点）。我在第 51 个关键点中提到，当来访者明确了他们要做什么时，就更容易执行咨询任务（Kazantzis，Whittington & Dattilio，2010）。

带回家的东西里有什么？

在单次咨询中有很多可以带回家的材料，有兴趣的读者可参考库珀和艾丽安（Cooper & Ariane，2018）从叙事治疗的角度对其进行的综述。在我自己的单次咨询实践中，我倾向于使用下面这些可以“带回家的东西”：

• 一份书面的达成一致的解决方案。

• 一份实现解决方案第一步的书面记录。

• 在会话过程中创建或引用的任何图表（例如图 67-1）。

• 如果有的话，一份由咨询师讲述的任何故事或寓言的书面记录（见第 71 个关键点）。

• 一份由来访者或来访者与咨询师共同创造的，对来访者来说，发生了意义变化的格言或句子的书面记录。

• 可以从互联网上下载并放到来访者的智能手机上的意味着意义改变的视觉图。

• 在基于认知行为疗法的单次咨询实践中（Dryden，2017，2022a），我经常向我的来访者提供咨询过程的录音和文字记录，以便回顾。这些也可作为单次咨询中可以带回家的东西。

在第 10 个关键点，我提出了一个观点，在单次咨询中，往往“少即是多”，因此，单次咨询治疗师应该防止给来访者提供太多带回家的东西，以保障咨询效果。

82

行动计划和实施

将咨询中学到的东西付诸实施是促使来访者改变的必要条件。通常，在正在进行的咨询中，特别是在 CBT 保护伞下的咨询中，这是通过协商、实施和复习具体家庭作业来完成的。在单次咨询结束时，咨询师不确定来访者是否会回来（即使他们说他们会回来），因此必须以不同的方式进行学习。这是通过协商行动计划和如何实施该计划的讨论来完成的。

行动计划

因此，行动计划的基础是来访者从咨询中学到并带回家的东西，并且需要将这些付诸实施。与具体的家庭作业不同，行动计划以更常规的方式详细说明了来访者将要实施的内容。它规定了该来访者什么时候和在哪里实施行动方案，以及多久实施一次。也许与来访者一起制定行动计划的要点是，来访者可以相对轻松地将这个计划融入他们的生活。否则，他们将无法保证实施的可持续性。

实施

虽然来访者首先决定做什么来实施他们学到的东西很重要，但更重要的是他们要意识到他们需要努力将实施持续进行下去。

以下是我自己实践中的一个例子，我称之为“单次整合认知行为疗法”（Dryden，2022a：196）。在与来访者讨论了何时、何地和多久实施一次行动计划后，理想状态下，此类实施应该反映以下原则中的一部分[1]，并当面直接告诉来访者：

• 使用简短和便于记忆的健康思维版本。

• 你的行为应该与你希望培养的健康思维一致。

• 在按照这种想法行动之前，你应该记住你的健康想法。

• 直面你提出的问题中的困境，练习健康地思考和建设性地行动。

• 在你面对困境的时候，你可能发现自己又回到了过去自己那种不健康思维的旧模式里。这很正常，所以当这种情况发生时，用你的健康思维来回应它。

• 在整个改变的过程中你会体验到不舒服。对这种不舒服要有所预期并忍受它。不断地告诉自己，从长远来看，这样做对自己有益。

• 必要时，练习你计划去思考的事情，在真正开始做之前，先在脑子里做一做。

• 承认在面对困境时，你可能会更趋向于保护自己的安全。最好不要这样做。如果你这样做了，从长远来讲对你无益。

• 让自己定期练习你的健康思维和有助于这种思维的行为。

• 如果你坚持练习，你的感觉最终就会改变。

• 寻找方法，把你从你提出问题的困境中学到的东西推广应用到其他相关的困境。

---

[1] 请注意，不同的来访者适用的原则可能有所不同。如有必要，我可能会将此内容作为讲义提供给来访者，以供日后参考。

应对实施中的障碍

如果合适并且有时间的话，咨询师和来访者需要讨论可能存在哪些障碍，哪些障碍会阻止来访者实施其行动计划，这一点很重要。当发现此类障碍时，咨询师应该鼓励来访者利用他们过去成功应对此类障碍的经验，如果他们过去没有此类经验，则挖掘和利用他们的优势。帮助来访者提前准备应对这些障碍，将使来访者获益更大。

83

结束咨询Ⅰ：概要

在来访者做出咨询总结，并从总结中可以看到他们将从咨询中带走什么，而且商定好行动计划后，咨询师就应该结束咨询。这涉及以下几个方面。

处理松散的结尾

让来访者在咨询结束时对咨询过程有一个完整的感觉，这一点很重要。因此，单次咨询师应该为来访者提供一个机会，通过询问让来访者讲述最后几分钟的问题："假设当你回到家时，意识到自己还想问我一些事情或告诉我一些事情，那可能是什么？"重要的是，咨询师对来访者提出的问题做出回应，直到来访者对回应感到满意。

面向未来

重要的是，来访者在离开咨询室时感到有希望，并承诺将他们所学到的付诸实施。为此，咨询师需要询问他们对这样做的感受。这为来访者提供了第二种（尽管不同）方式来提出任何未完成的事项。如果来访者的回应是乐观的，那么咨询师需要对此做进一步的强化。但是，如果他们对实施从咨询中所学到的东西有任何挥之不去的怀疑和保留，那么咨询师就应该处理这些问题。

在结束咨询之前咨询师有三个任务要完成。①如果需要进一步的帮助，要讨论这个问题，以及如何获得帮助（见第 84 个关键点）；②从来访者那里获得直接的反馈（见第 86 个关键点）；③安排后续行动（见第 87 个关键点）。

84

结束咨询 II：获取进一步的帮助

除非一开始就同意不再有后续咨询，否则咨询师应提醒来访者，如有需要，可以向他们提供进一步的帮助。

咨询师是私人执业

如果咨询师是私人执业，那么他们对来访者可用的选择有相对自由的把控。在我概述这些选项之前，我确实想强调，对于咨询师来说，要告诉来访者所有的这些选项都是可行的，而来访者的任务是选择最适合他们的选项。虽然咨询师可能更偏爱某一个选项（而不是其他选项），但他不应该表达出这种偏爱。与获取进一步帮助有关的选项是：

• **暂时把事情留着，如果将来需要进一步的帮助，联系咨询师。**

• **在决定是否向咨询师寻求进一步帮助之前，花时间反思他们从咨询中学到的东西，消化这些东西，采取行动，并让时间流逝。**这种帮助将取决于咨询师提供什么。因此，它可以是又一个单次咨询、一组咨询、持续的咨询或专家服务（如果咨询师提供的话）。

• **决定在咨询结束时安排进一步的帮助。**同样，这可能是另一个单次咨询、一组咨询、持续的咨询或专家服务。

这里有两点值得注意。首先，如果咨询师没有提供所需的专家帮助，那么就要进行适当的转介。其次，要告知获得进一步帮助的等待时间。

机构的政策

显然，如果咨询师在机构工作，而不是私人执业，那么该咨询师应该执行该机构就来访者获得进一步帮助的问题所制定的政策。例如，一些机构明确规定，该机构将在咨询结束后两到三周的时间里联系来访者，了解他们的情况，并询问他们是否需要进一步的帮助。如果回答是不需要，就会提醒他们，如果将来需要进一步的帮助，他们随时可以回来。

英国的一些大学咨询服务机构有“约一做一”的 SST 模式。这意味着来访者每次只能做一次咨询，咨询之间相隔一个固定的时间（通常为两周）。表面上看，学生可以获得的咨询数量没有限制，只要他们每隔两周做一次。但是，一旦来访者进行了一定次数的咨询之后，有些机构就会进行审核。

开放式单次咨询

在提供开放式服务（也称为随到随谈服务）的机构，来访者可以随心所欲地回来（尽管绝大多数人不会回来）。对于那些不断返回开放式单次咨询的来访者，他们更适合采用其他服务模式，这一点是要与来访者讨论的。但是，在讨论之后，如果来访者仍然希望参加开放式单次咨询，他们的意愿会得到尊重。

85

咨询后 I：反思、整理录音和文字记录

单次咨询中有很多东西需要消化。鉴于此，咨询师建议来访者给自己一些时间来反思这一过程，这一点很重要。

为反思创造时间

正是出于这个原因，我建议我的来访者不要过快地重新进入他们忙碌的世界，而是自己花 30 分钟时间对咨询进行自我反思，反思自己学到了什么，以及如何将学到的这些运用到实践中去。一些来访者可能希望以书面形式记录，而另一些则希望只是进行思考。

单次咨询的录音和文字记录：有助于反思

我所使用的单次咨询取向的特点之一是，在来访者允许的情况下，我会对咨询进行录音，并在咨询结束后尽快发送给他们。此外，如果来访者需要，我会为他们提供咨询的书面记录（Dryden，2017，2022a）[1]。这些既有助于来访者在咨询之后

[1] 我免费提供录音，但由于我付费转写咨询录音，所以，如果有来访者想要我们的文字记录，我会将这笔费用转给来访者。

的反思，也提醒他们在咨询中学到了什么。有时，录音和 / 或文字记录能够使来访者专注于整个过程，在回顾的时候，这一点似乎比他们当时做了什么更重要，而且录音和 / 或文字记录都精准地包含了来访者自己做的总结。一些来访者在后续随访中说，这份文字记录给了他们再一次看逐字总结的机会，他们可以在日后随时翻看。

鉴于人类记忆的变幻莫测，录音和文字记录都能准确地提醒人们面询中的内容，这是很有价值的。不同的来访者对录音和文字稿有不同的评价。有些人觉得这两者都很有价值，而另一些人则只看重其中之一，这在一定程度上取决于他们的学习风格。那些认为文字更有帮助的来访者看重文字记录，而另一些认为通过听力可以学得更好的来访者会在播放器、智能手机或平板电脑上听录音。那些不喜欢听到自己声音的来访者肯定更喜欢文字记录。

86

咨询后Ⅱ：来访者的反馈

正如我在这本书中多次提到的，一个人接受了一次单次咨询后，不能确定他们是否会回来再接受一次单次咨询。事实上，我们知道，由于来访者在公共和慈善机构接受咨询次数的众数[1]为一次，他们很有可能不会再回来做第二次咨询。鉴于此，如果我们想了解来访者对咨询的看法，我们需要在咨询结束时或咨询结束后不久询问他们。我的做法是向来访者发送电子邮件，邀请他们填写并返回所附的反馈表，我称之为咨询会谈评级量表（Counselling Session Rating Scale，CSRS）——见表 86-1。这是我根据米勒、邓肯和约翰逊（Miller，Duncan & Johnson，2002）设计的会谈评级量表（Session Rating Scale，SRS）改编的。

我使用这个表格的目的与它最初设计的不同。SRS 表格通常用于正在进行的咨询，当来访者的低评分表明咨询中存在潜在困难时，它有助于调整咨询师和来访者之间的谈话。随后的咨询可以帮助咨询师和来访者重新回到来访者的轨道上。我对 CSRS 的使用超越了来访者，它帮助我从来访者的视角来衡量我作为单次咨询师的优势和劣势。理想情况下，该表格需要由咨询师以外的人发送并收回。如果是咨询师发送该表格，并希望来访者将其返回给咨询师，那么，那些对咨询不太满意的来访者很可能不会将其返回。

---

[1] 请记住，众数代表了数列中最频繁出现的数字。

表 86-1　咨询会谈评级量表

<table>
<tr><td colspan="2">姓名：</td><td>日期：</td></tr>
<tr><td colspan="3">对我来说，反思我的咨询工作非常重要。因此，请在以下尺度上选择最适合您经验的数字来评价您最近与我进行的咨询，并在该数字下划线。</td></tr>
<tr><td>咨询前的问卷在帮助我准备咨询方面没有帮助</td><td>0 1 2 3 4 5 6 7 8 9 10</td><td>咨询前的问卷在帮助我准备咨询方面有帮助</td></tr>
<tr><td>在咨询中，我没有被温迪·德莱登听到、理解或尊重</td><td>0 1 2 3 4 5 6 7 8 9 10</td><td>在咨询中，我被温迪·德莱登听到、理解或尊重</td></tr>
<tr><td>在咨询中，温迪·德莱登没有与我讨论我想讨论的内容</td><td>0 1 2 3 4 5 6 7 8 9 10</td><td>在咨询中，温迪·德莱登与我讨论了我想讨论的内容</td></tr>
<tr><td>温迪·德莱登的方法不太适合我</td><td>0 1 2 3 4 5 6 7 8 9 10</td><td>温迪·德莱登的方法非常适合我</td></tr>
<tr><td>总体来说，我没有从与温迪·德莱登的咨询中得到我想要的</td><td>0 1 2 3 4 5 6 7 8 9 10</td><td>总体来说，我的确从与温迪·德莱登的咨询中得到了我想要的</td></tr>
<tr><td>如果再想做咨询，我不会选择温迪·德莱登做我的咨询师</td><td>0 1 2 3 4 5 6 7 8 9 10</td><td>如果再想做咨询，我还会选择温迪·德莱登做我的咨询师</td></tr>
<tr><td colspan="3">最后，如果有什么对你特别有用的，或者我可以在跟你的咨询中改进的，请在下方告诉我：

谢谢你的反馈。</td></tr>
</table>

87

随访

随访通常在单次咨询后约 3 个月进行。不过和其他情况一样，这个时间点最好同来访者协商确定。当然，咨询机构可能会指定在该机构工作的所有咨询师都应遵循的随访日期。虽然在单次咨询中，一些人认为随访违背了单次咨询的纯粹性，但大多数人认为随访是单次咨询工作的重要组成部分。

为什么要随访?

① 让来访者有机会对面询后和随访之间所做的事情进行反馈。

② 让来访者有机会在需要的情况下寻求更多的帮助。

③ 需要结果评估数据的咨询师（例如，来访者是如何做的）。这将帮助咨询师提升他们的单次咨询服务。

④ 使用服务评估数据的咨询师（来访者对咨询所提供的帮助的看法）。这些数据将有助于该组织改善服务质量。

我使用的随访方法

在面询结束时，我会与来访者明确地预约一个 20 ~ 30 分钟的随访电话。我会在咨询结束后 3 个月[1]做这个随访安排，使来访者所做的任何改变都能够成熟并融入他们的生活。不过，和其他情况一样，我将与来访者协商单次咨询之后需要间隔多长时间再进行随访。

同时，我会向来访者强调让他们选择一个不受任何打扰、可以把注意力全部放在接电话上的时间的重要性。我为随访电话制定了一个协议，见表 87-1。

表 87-1　随访电话评估协议

① 我提醒来访者做电话随访的目的，并确定他们能够有 20 ~ 30 分钟不被打扰、自由交谈的时间。

② 我与来访者确认他们的问题、障碍或抱怨，并准备建立我的陈述。我允许来访者修改这个陈述。

③ 你认为问题（按照来访者的描述重新陈述）依然存在还是已经改变了？如有改变，请按以下方式列出五级评分：

1————2————3————4————5

更糟糕　　　　　没有变化　　　　　有很大改善

④ 你认为是什么让你的改变（更好或更坏）成为可能？如果状况没有改变，你是做了什么让它没有改变的？

⑤ 如果周围的人给你的反馈是你已经改变了，他们怎么认为你已经改变了呢？

⑥ 除了……陈述的这个具体问题之外，你生活中的其他方面是否有变化（是更好还是更坏）？如果有，是什么？

⑦ 让我来问问你关于咨询的问题，你现在还能回忆起来哪些咨询时的事情？

⑧ 有什么是特别有帮助或没有帮助的？

⑨ 你是如何使用录音和文字记录的？

[1] 当然，如果来访者在咨询结束时请求进一步的帮助，他们可以获得。我在这里写的是来访者没有请求进一步帮助的情况。

续表

⑩ 你对你接受的咨询满意度如何？按以下五分制列出： 1———2———3———4———5 不满意　　　一般　　　非常满意 ⑪ 你觉得一次咨询够吗？如果不够，你希望继续吗？如果希望，你想去找另一个咨询师吗？ ⑫ 如果你对所接受的服务有任何改进建议，你会建议什么？ ⑬ 还有什么我没有特别问过你但你想让我知道的？ 感谢您的参与。如果你需要更多的帮助，可以再联系我。

如何随访

尽管我已详细阐述了自己在随访方面的方法，但这些操作是在私人执业环境中进行的。机构可能没有足够的时间或人力来通过电话进行常规随访。因此，最常见的随访形式是通过问卷进行，很可能是以附件形式，在设定的时间段后通过电子邮件发送给客户，并附上说明性文字，邀请其填写并返回。此类表格通常会包含评估来访者咨询效果和咨询师服务质量的项目。一些机构还会使用客观测量工具，例如 GAD–7（广泛性焦虑障碍量表）和 PHQ–9（抑郁症筛查量表），在单次咨询前后对来访者进行评估，以获得更客观的来访者咨询效果记录。一般而言，咨询与随访之间的间隔越长，表格篇幅（如果只发送一份的话）就越长，发送给来访者的表格数量越多，反馈率就会越低。同样，来访者在完成表格时感觉越困难，他们返回表格的可能性就越低。

谁执行随访

当塔尔蒙（Talmon，1990）意识到他的 200 名来访者仅接受了一次咨询后，他决定通过电话联系所有人以获取关于该次咨询的反馈。这次随访的结果非常积极

（详见第 2 个关键点），这促使塔尔蒙及其在凯撒医疗（Kaiser Permanente）的同事开发了他们所谓的“计划内单次咨询”（planned SST）。

回顾来看，可以认为，如果咨询师突然联系来访者寻求反馈，来访者很可能会对问题给出正面回应。因此，收集疗效和服务评估数据的最佳随访执行者，应当是未参与该次咨询的其他人员。例如，机构中的助理心理师，或与咨询师达成协议的同事——双方约定互相为彼此的客户进行随访，且向咨询师提供的反馈均以匿名形式处理。

单次咨询中的随访问题值得未来更深入的探讨。

88

一个单次咨询的结构示例

几年前，我应英国伯恩茅斯艺术大学（AUB）学生服务部的邀请，帮助他们将现有的咨询服务模式替换为基于单次咨询的服务模式。现有的系统，给学生提供了不超过 6 次的咨询次数，就导致学生要等上 6 ～ 7 周才能见到咨询师，这使寻求帮助的学生和提供帮助的咨询师都不满意。这项新服务是通过以下方式向学生宣传的：“AUB 咨询服务提供单次咨询，每次 1 小时。”

我为心理咨询中心的咨询师进行了一天的培训，这些咨询师都使用不同咨询流派，我与咨询中心主任一起设计了下面的结构，可以作为这些咨询师进行单次咨询实践的指导。在这一关键点中，我将介绍这个结构，作为如何提供单次咨询的一个例子。记住，它是为了在特定的环境中使用而创建的——英国大学的学生咨询服务。

介绍

• 对这项服务的内容和所需时间进行解释。

• 解释保密的基本原则，如果学生需要更详细的信息，请参考咨询服务手册或在线政策声明。

询问："你现在最关心的一件事情是什么？"[1]

- 探索最需要帮助的地方。
- 分清轻重缓急。优先考虑最迫切和最关键的需求，同时还要考虑其他需求。
- 评估风险（例如自杀 / 自残的即时风险或对他人的伤害）。

提出人们通常会尝试解决自己的问题，然后问："你已经尝试过哪些事情了？"

- 你做过哪些有用的尝试？鼓励他们使用这些策略。
- 你做过哪些事情对解决问题没有帮助？不鼓励再次使用。

询问："你觉得你自身有哪些优势和复原力有助于解决问题？"

- 告诉来访者什么是核心优势和复原力，比如强大的家庭关系和友谊、积极的观点、精神性信念、希望感、个人掌控感、创造力、毅力和幽默感。
- 解释核心优势和复原力在前进过程中的重要作用。

询问："你有哪些外部资源可以用来解决你最关注的问题？"

- 确定相关人员和组织。
- 在恰当的时候，提供咨询服务手册内的资源。

---

[1] 当然，还有其他的咨询开场方式。有些咨询师倾向于更通用的开场白："今天我能为你提供什么帮助？"；而另一些咨询师则偏好更聚焦目标的开启方式（例如"你希望从本次咨询中获得什么，才能让这次会谈对你有价值？"）。

询问："你觉得做出什么样的最小的改变能让你知道你已经在朝向正确的方向了？"

- 帮助这个人计划在咨询结束后尽快实现这种改变。

做这些工作

- 关注你通常关注的事情[1]。
- 积极寻找改变的可能性。
- 在咨询中练习改变。
- 协商一个可以带回家的任务。

在咨询结束前，你要抽出时间回答问题

- 你觉得如果今天回家以后有一个问题想问我，那会是什么？

如果学生想要继续进行下一次咨询，让他们知道找你或其他咨询师都是可以的，并让他们去接待处

这项基于单次咨询服务的初步调查数据显示，学生们很看重新系统的灵活性，他们可以很快被关注到，并在适合自己的时间预约。同样是在本学期服务最繁忙的时候，排队等候的时间也只有 5 天，而去年同期的等候时间为 6 ~ 7 周。

---

[1] 由于咨询服务的工作人员来自不同咨询流派，因此必须强调，咨询人员可以将他们通常采用的方法应用于单次咨询。

100 KEY POINTS

单次咨询：100 个关键点与技巧

Single-Session Therapy (SST):
100 Key Points and Techniques

Part 7

第七部分

免预约咨询[1]

---

[1] 截至撰稿时（2022 年底），关于“walk-in therapy”这一术语是否贴切已引发讨论——鉴于部分来访者实际上无法亲自到场接受该服务。为此，学界正提议改用更具包容性的“open access”这一表述。不过，由于单次咨询领域尚未就此达成最终共识，本书仍将沿用“walk-in”这一术语。

89

两种求助途径

英国国民医疗保障制度为国民提供免费心理服务，其资金主要来源于普通税收和国民保险供款。当来访者因焦虑和沮丧希望寻求心理援助时，图 89-1 概述了来访者获取帮助的路径。

当来访者决定寻求免预约咨询时，请对比预约咨询与免预约咨询的操作流程，见图 89-2。

一般而言，英国不适用免预约服务，但是比较这两种求助路径，会为实施这一咨询方式提供强有力的论据，尤其是英国政府正致力于改善本国居民的心理治疗评估现状。

来访者联系英国国民医疗保障制度焦虑抑郁谈话服务[1]。

接线人员为来访者安排心理保健师（psychological well-being practitioner）并预约对其进行电话评估的时间

↓ 大约等待 10 天

心理保健师对来访者进行电话评估。如果必要，来访者将被转介接受心理咨询服务，服务类型取决于对问题严重性的评估

↓ 低强度治疗大约需要等待 4 周

高强度治疗大约需要等待 8 周

[1] 来访者也可先联系全科医生，此类情况可能需要 7 天或更久的预约等待。

来访者开始接受心理干预。高强度治疗由资深咨询师接诊。低强度治疗可能包括：①合格咨询师提供的一对一咨询；②心理教育团体小组；③自助式在线计算机辅助治疗

图 89-1　途径 1：当来访者因焦虑或抑郁，决定通过英国国民医疗保障制度获取心理咨询时的流程[1]

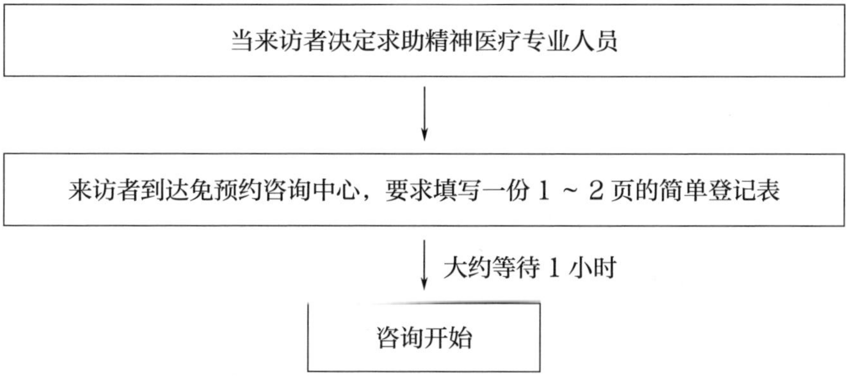

图 89-2　途径 2：当来访者因焦虑或抑郁到免预约咨询中心寻求心理帮助时的流程

[1] 所列的路径步骤和等待时间因地区而异。

90

免预约咨询的本质

斯里等人（Slive et al.，2008：6）这样描述免预约咨询的本质：

> 应社区的需要，为了使心理健康服务更易得，免预约咨询允许来访者选择与心理健康专家见面的时间。这里没有烦琐的程序，没有分类，没有接待流程，没有正式的诊断过程，只有关注来访者需求的一小时咨询……此外，免预约咨询不会遇到错过或取消预约的情况，从而可提高效率。

这一定义暗示了免预约咨询的独特性及其与其他单次咨询形式的差异性。免预约咨询无须提前预约，而其他形式的单次咨询通常有预约要求。

自从斯里等人（Slive et al.，2008）提出上述定义以来，单次咨询领域已得到发展，后续会谈的作用也被密切关注。有人认为后续会谈是单次咨询的一部分（Dryden，2017，2022a；Talmon，1990），有些人却不这样认为（Hymmen，Stalker & Cait，2013）。有鉴于此，斯里和博贝勒（Slive & Bobele，2018:28）对免预约咨询的最新定义做了如下澄清：

> 关于免预约，我们指的是来访者未经预约走进咨询室的经历，他们可以尽快地见到咨询师并且接受一个完整的单次咨询。在这种模式中，我们还没有建立起常规的后续随访（无论是面谈还是电话形式）。简而言之，计划进行第二次接

触的模式（尽管被称为随访），与我们的思维模式不同，目前的相遇可能是咨询师与来访者唯一的一次咨询。当然，在特殊情况下，如对来访者或他人可能会造成伤害时，我们也会做随访。

虽然上述两个定义都没有提到会谈前的文书工作，但在实际工作中，免预约来访者在会谈前需要填写一个简短的表格，主要用于风险评估。

鉴于免预约咨询免预约、无评估的本质，扬（J. Young，2018：50）认为：“无论来访者的问题简单还是复杂，都会提供同样的服务。”当然，扬也强调，来访者可以再次咨询，这样就有可能继续治疗。不过，这种“约一做一”的方式，咨询时遇到的不一定是同一位咨询师（见第 92 个关键点）。

91

免预约咨询的具体情况

本关键点将介绍免预约咨询服务的概况。在第 89 个关键点，我介绍了两种接受心理咨询服务的途径。通过免预约服务获得这种帮助的途径，清楚地展示了免预约咨询的主要情况。

增加来访者的可访问性

免预约咨询清除了来访者求助的障碍，因其可访问性增强并更易于获取，故而减少了来访者需要获得国家心理帮助时经常受到的挫折感。来访者能够在他们最需要的时刻获得治疗。

减少等候名单

与单次咨询的预约不同，通常情况下，免预约咨询无须提前预约，从而有效减少了等候名单（Slive & Bobele，2014）。

成本优势

免预约咨询服务成本低廉。无须预约的事实消除了延迟取消或因缺席而导致的浪费。当然，咨询成本也与过度治疗有关。

来访者利益

斯里和博贝勒（Slive & Bobele，2014:78）回顾了免预约咨询的文献，并指出它具有以下优点：

- 与多次咨询相比较，来访者报告免预约咨询有更多改善。
- 这些改善，往往能够在咨询结束后持续几个月的时间。
- 来访者对免预约咨询给予高满意度评价。尤其是来访者能够在自己选择的时间去看心理咨询师，对来访者给予积极反馈起到重要作用。
- 更多来访者报告，单次免预约咨询对他们非常有效，无须得到进一步帮助。

咨询师满意度

咨询师发现提供免预约咨询会得到很高的回报，因为来访者往往更有动力。而来访者的动机之所以会高，是因为比起几个星期甚至月余这样漫长的评估和推荐过程，他们是在最需要帮助的时刻前来求助。此外，咨询师的工作时间不会因来访者临时取消或爽约而浪费，而这正是令咨询师沮丧和不满的两个主要原因。

92

与服务机构而非与特定的咨询师建立同盟

在心理治疗领域，通常认为咨询师与来访者的工作同盟是来访者改变的重要因素。关于单次咨询，我也提出了相同的观点（见第 51 个关键点）。举例而言，西蒙等人（Simon et al.，2012）发现，在大样本中，对于没有接受第二次心理咨询的来访者，有些人有较好的预后，而另一些人则预后不良。而这一差异正取决于来访者与咨询师的工作同盟质量。前者与他们的咨询师建立了很好的工作同盟，而后者则正好相反。这一发现表明，那些怀疑在单次咨询中有可能与来访者建立工作同盟的人是错误的。事实上，这不仅可能，而且具有积极效果。

在免预约咨询中，当来访者寻求咨询且不再有后续咨询时，很可能是他们已经得到了自己想要得到的帮助，而这则要归功于良好的工作同盟。当然，来访者也可能再次寻求免预约咨询，这可能由于来访者在第一次咨询时没有满足自己的需求，所以进行第二次尝试。或者，他们已经在第一次咨询时得到了他们想要的，因为其他原因希望再次寻求帮助。这是免预约咨询服务的本质，来访者不知道哪位咨询师将为他们提供咨询，当他们再次来访时，咨询师可能不是同一个人。所以，来访者不会因此而困扰，因为在他们的意识中，他们没有与一位特定的咨询师建立工作同盟。准确而言，来访者是与服务机构建立了工作同盟。对他们而言，一个特定的咨询师并不关心他们的健康，一个对他们有帮助的团体才会如此。

考虑到最后一点，促进来访者与服务机构之间的工作同盟可能是免预约服务的长期利益所在。这可以通过该服务如何在广告中向来访者描述自己来实现（见第93个关键点）。通过对免预约服务机构的所有人员，包括咨询师和管理人员进行在职培训，要求他们以来访者-服务机构同盟的方式进行思考，并以这种方式进行交谈。这样，咨询师就不是以“我的”名义与来访者交谈或思考，而是以“我们的”或“服务机构的”名义与来访者交谈或思考。如果实现了这一点，服务的治疗价值将从来访者的角度最大化，因为他们不依赖于特定的咨询师工作。来访者可以放心地去看任何一位咨询师，因为他们知道，咨询师关心他们，并在他们来访时会全心全意提供帮助。

伯恩茅斯艺术大学的咨询师指出，来访者可能会选择去看不同的咨询师，而不是再次咨询时看相同的咨询师。该大学提供“约一做一”式咨询服务，这最初让接受过培训的咨询师感到不安，因为他们相信治疗关系的中心地位。正如我在与他们进行的后续会谈中所指出的，单次咨询和免预约咨询对咨询师和咨询师所珍视的一些想法提出了挑战。

93

免预约咨询服务的宣传方式

人们可以通过考虑咨询中心如何在官网做广告来了解其是如何将免预约咨询服务概念化的，以及它希望向来访者传递何种信息。以下是两个例子，第一个来自加拿大，第二个来自英国。

免预约咨询心理服务中心

这家咨询机构服务于加拿大渥太华省的多个地区，其对免预约咨询服务的宣传如下：

您需要倾诉对象吗?

1. 我们为您提供

- 应对人生挑战的专业支持
- 免费心理咨询服务
- 无须提前预约
- 专业资质咨询师团队

本中心免预约咨询服务无须转介，在开放时段内采取先到先服务原则。服务对象限尚普兰地区安大略省居民。

本中心提供英语、法语、阿拉伯语、西班牙语、索马里语、粤语及普通话等多语种咨询服务，各服务点具体开放时间为：每周全天候开放，包括晚间与周末[1]。

2. 服务对象

免预约心理咨询中心为个人、伴侣及家庭提供即时心理咨询服务。免预约咨询服务对社区全体成员免费开放，无年龄或居住地限制，且无需预约。

我们秉持优势视角，提供专业咨询服务，协助处理包括但不限于以下各类问题：

- 抑郁、焦虑、人际关系问题、心理健康困扰、酒精或药物使用问题、个人或工作相关压力、愤怒情绪管理、创伤经历、家庭冲突／变迁、分离与丧失、亲子关系、性／亲密关系议题、性别认同与性别表达、伴侣暴力或家庭暴力、性虐待、加拿大生活适应、自尊／自我形象、其他人生挑战与困扰。

3. 预期服务内容

本中心提供保密的单次咨询服务，严格遵循先到先服务原则。来访者抵达任一服务点后，我们将尽快安排咨询。

每次咨询时长约 1.5 小时。虽然部分情况会转介其他服务，但多数来访者通过一次深度咨询即可解决问题。

咨询内容完全根据来访者的个性化需求确定。无论是应对压力情境、咨询相关服务，还是寻求理解与非评判的倾听，我们的咨询师均接受过专业训练，能协助来访者处理其最关切的议题。

我们的资深咨询师将协助来访者：识别问题、发掘自身优势与能力，并在适当时机帮助其针对自己的议题制定应对策略。

我认为这是对免预约咨询中心服务内容、服务对象及服务承诺的绝佳示范——表述既清晰又简洁。唯一的不足在于，官网未明确告知来访者该服务的使用次数限制。

---

[1] 网站中列出了 10 个服务网点的开放时间（周二至周日不等），部分网点同时提供线下与线上服务，其他则仅提供视频或电话咨询服务。

伦敦皮卡迪利大街圣詹姆斯教堂的大篷车免预约咨询服务[1]

大篷车免预约咨询服务由伦敦皮卡迪利大街圣詹姆斯教堂提供，由心理辅导及心理治疗教育中心（CCPE）开着一辆电瓶车进行。自 1982 年以来，大篷车一直是圣詹姆斯教堂的一大特色。咨询服务由接受正规专业培训的志愿者提供。大多数志愿者都接受了心理辅导及心理治疗教育中心的培训。该服务在互联网的宣传如下：

关于这项服务

免预约咨询服务提供了一项倾听与情感支持的核心服务，通过安排可以演变成咨询服务。这项服务每日都提供免预约咨询。志愿者每周在固定时间工作。如果他们已经有来访者，他们会告诉您自己何时方便，或者下一个志愿者何时能填补空缺。

对于某些来访者，咨询师的共情和谈话就可以直击他们的内心。另一些来访者则希望就困扰他们的问题进行更深入的谈话。会谈时间一般为 20 ~ 50 分钟，具体时长将由志愿者根据咨询情况决定。

> 来访者可以继续免费使用免预约咨询，视当时志愿者值班情况而定。有些来访者可能希望选择特定的志愿者继续咨询。经常与同一位志愿者见面的来访者可以申请与该志愿者建立咨询关系，并就会谈的重点和承诺达成协议。
>
> 所有志愿者均严格遵守英国心理咨询与治疗协会（BACP）伦理与实践守则中包括保密条款在内的各项规定。

这种服务本身既是一种“免预约服务”，也是一种咨询服务。从其网站上可明显看出，一种服务可以发展成另一种。来访者被允许可以继续进行免预约咨询，

---

[1] 自新冠疫情以来，该大篷车新增每日电话咨询服务。

他们可以选择与当值的志愿者咨询，也可以选择特定的咨询师。如果是后者，当来访者定期咨询同一位咨询师，免预约咨询就发展为普通咨询。来访者可以申请将其正式确定为咨询，并就会谈重点和承诺达成协议。

值得注意的是，没有任何关于免预约咨询服务充分性的声明。该网站似乎是说，免预约咨询服务和普通咨询在其内部受到同等重视，而这也是其向外传达的信息。

94

受简短叙事疗法影响的免预约咨询结构指南

在第 88 个关键点，我提出并讨论了单次咨询的结构，该结构设计用于新开发的面向学生的一对一咨询服务。这是预约服务，而非免预约服务，尽管该结构可用于免预约服务。然而，在本书的这一部分，我认为介绍和讨论一个专门为免预约咨询服务的使用而设计的会谈结构非常重要。为此，我提出了由卡伦·扬（Karen Young）开发的用于加拿大安大略省免预约咨询诊所的会谈结构指南。卡伦·扬（Karen Young，2018:64）提到：

> 当咨询师在实践中带着真诚的好奇心和非常艺术地回应时，这份指南便会被灵活、流畅地使用。该指南基于叙事治疗实践写就，被称为简短叙事疗法。

虽然该指南是为团体而非个体咨询师所制定的，但是为了保持扬所提倡的灵活性和本书对个体治疗的关注，我将展示个体咨询师与单一来访者工作时如何使用该指南。

会谈前准备

来访者需要填写一份会谈前调查问卷。主要用于征求来访者是否同意并聚焦于他们的优势、技能、价值和反馈，以帮助咨询师发展一些问题，这些问题可能在会谈期间提问。

开始会谈

咨询师概述会谈的背景，对来访者解释相关风险、获益及相关文件。

确定议程

咨询师和来访者一起确定会谈的重点，以及他们期待从会谈中得到的收获。

发现优势

邀请来访者聚焦探索他们的优势、技能、能力、知识、价值、承诺和偏好。在会谈开始时即可询问来访者，比如："在我们更多地去谈论'这个问题'之前，我可以问您一些其他问题，以便绕开您的'这个问题'去更好地了解您，从而使我们双方能够发现对此过程有帮助的一些信息吗？"当然，咨询师也会参考来访者填写的会谈前问卷进行提问。

问题探讨

咨询师和来访者一起工作时，从来访者的角度来理解问题，这样做是为了以不同的方式来看待和理解问题。一个简短叙事疗法取向的咨询师可能会采用外化对话的方法，在这种方法中，问题作为一个独立于个体的事物来讨论。咨询师可以使用空椅子技术来帮助来访者发展一个新的观点，只要他们以一种对来访者来说友好的方式介绍它，来访者就会同意参与这项工作。

探索来访者相关知识、技能、价值和喜好的细节

咨询师和来访者一起探索这些细节，目的是建构一组对来访者有帮助的因子，来访者可以利用它们来解决问题。此外，还要特别关注到目前为止来访者为有效解决问题所做的工作。

回顾并拓展有用的内容

咨询师和来访者一起，通过上面的对话探讨哪些内容对他们而言是重要的，以及为什么重要。如果要给来访者正式的文档，这些也应一并记录在案。

共同发展下一步

咨询师和来访者总结可能有帮助的新想法或新观点，特别是如何实现这些新观点或新想法。需要着重关注来访者下一步的计划，并从来访者身上找到令其改变的原因。来访者和咨询师共创计划、期待未来。

总结

咨询师和来访者对工作进行总结。咨询师最后可针对咨访双方共同努力的效果提出一些反思。会谈期间生成的任何文档都将提交给来访者，然后要求来访者完成一个会谈评估单。

100 KEY POINTS

单次咨询：100 个关键点与技巧

Single-Session Therapy (SST):
100 Key Points and Techniques

Part 8

第八部分

其他形式的单次咨询

95

临床演示

在本书的这一部分，我将讨论各种不同形式的单次咨询。在本关键点中，我将主要关注临床演示的运用。临床演示是一种单次咨询，通常在更广泛的治疗培训工作坊中进行。这个工作坊可能关注的是治疗方法（如人本主义疗法），与来访者一起工作的方式（如空椅子技术），来访者议题、担心或问题（如药物滥用），或其中几种的组合（如对拖延症患者使用空椅子技术）。当工作坊的负责人口述展示材料（通常借助 PPT）时，观众也希望他们“实践他们所宣讲的内容”，在工作坊期间做一个或一系列的演示。临床演示的目的是向工作坊的参与者展示一个良好实践模型，他们可以在学习和发展相关技能的过程中，在同伴咨询的环境下自己尝试（彼此练习）该方法。

工作坊的负责人可进行所谓的“微观演示”。每一次微观演示，他们都要向参与者简要地展示一项技能，我将集中于一个完整的临床演示，近似一个单次咨询的经历，包括开始、中间和结束部分，旨在帮助“志愿来访者”解决不介意在观众面前讨论并希望获得帮助的真实问题。我将不讨论角色扮演演示，即要求工作坊参与者扮演来访者角色，而负责人扮演咨询师角色。因为角色扮演虽然可能是有价值的，但并不真实，与来访者为真正的问题而寻求帮助的单次咨询体验并不近似。

在工作坊环境下的“临床演示”并没有太多的相关文献。巴伯（Barber，1990）在自己的作品中记录了使用催眠疗法进行这样的演示，而我也在这个领域写了我工作的内容（Dryden，2018a，2021c）。虽然这些演示与来访者的单次咨询具有类似的特征，但它们在许多方面不同。

① 这些演示的主要目的是让工作坊的带领导者或咨询师向观众演示一种治疗性的工作方式。这一带领者或咨询师要承担教育的角色，而为来访者进行单次咨询的咨询师却不承担这一角色。话虽如此，但工作坊的咨询师对志愿者有关怀义务，这种福利角色取代了他们的教育角色。在临床演示和单次咨询中，人们的福祉是第一位的。

② 演示通常是“一次性”的，且明确告知不提供后续咨询。而在单次咨询中，若来访者提出需求，咨询师可继续提供服务。

③ 在演示过程中，咨询师会定时停下来并向观众解释他们的“临床思维”。如果咨询师特别擅长，他们可能会给培训小组一个“实况报道”来解释这种思维以及由此产生的干预措施。

④ 演示中将会有一段问答时间，在这段时间里，培训小组的成员将向咨询师和来访者双方提问。这通常不会发生在单次临床咨询中。

在强调了临床演示和单次咨询之间的区别后，最后我想说的是，在这可能是咨询师和来访者的唯一一次会面中，两者都向我们分享了聚焦工作的力量。

96

培训用录影带

1964 年，埃弗雷特·斯特罗姆（Everett Shostrom），美国加利福尼亚州的一位心理学家、著名的心理咨询师，拍摄了三位来自不同心理学派的创始人与同一位名叫“格洛丽亚”（Gloria）的 30 岁女性一起工作的情景。这三位心理学家分别是：卡尔·罗杰斯（Carl Rogers）（以人为中心疗法的创始人）、艾伯特·埃利斯（Albert Ellis）（理性情绪行为疗法的创始人）和弗里茨·皮尔斯（Fritz Perls）（格式塔疗法的创始人）。这些影片于 1965 年上映，标题为《三种心理治疗取向》，但后来被称为《格洛丽亚》影片。

这个系列和接下来的两个系列（三种心理治疗取向 Ⅱ 和 Ⅲ）以及之后发布的很多其他系列影片的主要目的是用于教育。阅读咨询方法是一回事，观看高水平的治疗师如何使用这种疗法咨询是另一回事。

很明显，拍摄培训用录影带是单次咨询的一种特殊形式。在大多数情况下，咨询师和来访者以前没有见过面，以后可能也不会再见。虽然录制的训练录影带是单次咨询案例，但它们在以下方面和单次咨询有所不同：

① 录制培训用录影带的目的有两方面：教育和治疗。它旨在向心理咨询领域的受训人员提供信息，并向已知情同意并愿意在该项目进行自我暴露的志愿来访者提供治疗性帮助。相比而言，单次咨询与来访者的唯一目的是治疗。

② 在影片中，咨询师，有时是来访者，会接受第三方的采访，第三方通常是一名训练有素的咨询师并在影片的制作过程中扮演一定的角色。

③ 20 世纪 60 年代中期，当《格洛丽亚》影片被制作出来时，观看这些影片的人士仅限于专业观众（咨询师和见习咨询师）。

虽然关于来访者通过培训用录影带的方式进行的单次咨询结果研究很少，但是我们确实知道它可以有持久的效果。“格洛丽亚”的女儿帕梅拉·伯里（Pamela Burry，2008）写了一本书，讲述了她母亲在电影中充当来访者的经历以及后来发生的事情。

从电影中可以看出，格洛丽亚在会谈中对罗杰斯形成了一种积极的依恋。丹尼尔斯（Daniels，2012：112）写道：

> 据了解，影片拍摄几个月后，罗杰斯想了解格洛丽亚的近况，于是邀请她参加了会谈……在罗杰斯的邀请下，格洛里亚与他及其妻子海伦共进午餐。午餐结束时，格洛丽亚问罗杰斯夫妇，如果她认为他们“在精神上是她的父母”，他们是否会反对。罗杰斯和海伦同意了这个请求，并表示如果能在她的生活中拥有这样的地位，他们将感到非常高兴和荣幸。在接下来的 15 年里，罗杰斯和格洛丽亚之间有大量的通信往来，直到格洛丽亚去世。

格洛丽亚认为这对她的生活有积极的影响，尽管丹尼尔斯（Daniels，2012）对此持相反意见。

在书中，伯里（Pamela Burry，2008）写到，她的母亲在一生中对她与皮尔斯的治疗有着持续的负面情绪，尽管她说如果可以选择，她会希望继续与皮尔斯进行治疗[1]。

---

[1] 霍华德·罗森塔尔（Howard Rosenthal）表示，埃利斯（Ellis）告诉他，斯特罗姆是在操纵格洛丽亚。

在皮尔斯和《格洛丽亚》的拍摄结束后，发生了一件令人不安的事情。皮尔斯走近格洛丽亚，格洛丽亚后来报告说："他用手向我做了一个手势，好像在说'把你的手握成杯状，手心朝上'。我无意识地听从了他的要求——尽管我并不真正明白他的意思。他把烟灰弹到我手里。无关紧要的？或许——如果你不介意被误认为是烟灰缸的话。"[1]

如上所示，单次咨询有好处也有坏处！

---

[1] 引自丹尼尔斯的作品（Daniels, 2012:118）。

97

第二诊治意见

第二诊治意见在医学中比在心理咨询中更常见。然而，在咨询中，在下面的情况下，来访者（和他们现在的咨询师）会从另一种观点受益。

- 当来访者不确定当前咨询师的咨询方法是否适合他们时。
- 当来访者不确定他们当前的咨询师是否适合他们时。
- 当咨询被卡住，咨询师尝试过的任何方法都无法摆脱困境时。

有时，来访者会主动寻找他人提供另一种意见，有时是在咨询师的要求下去寻求帮助。在前一种情况下，来访者最好得到当前咨询师的许可，如果没有，那么他们要去见的这个人，就称为“第二诊治意见”咨询师。在后一种情况下，“第二诊治意见”咨询师（Second Opinion Therapist，SOT）需要在一开始就确定，来访者是否允许他们与之前的咨询师进行接触，如果允许，来访者将决定采取何种接触方式。

一个有效的、第三方视角的单次会谈可达到以下目的：

- 它可以帮助来访者决定他们是否愿意接受目前咨询师的治疗方案。如果接受，来访者将继续请他们当前的咨询师进行治疗。如果不接受，“第二诊治意见”咨询师会向他们澄清他们希望从咨询中获得什么，以及他们认为怎样可以最好地帮助自己达成目标。由此，第二诊治意见提供了一种观点，即来访者最可能采用哪种治疗方法。

- 它帮助来访者决定当前的咨询师是否适合他们。“第二诊治意见”咨询师（SOT）会帮助来访者识别他们理想的咨询师所需要的品质和特征，并建议其向具有这些品质和特征的人进行咨询。

- 它帮助来访者与目前的咨询师摆脱困境。

摆脱困境：谁应该参与

为试图帮助来访者摆脱目前治疗的困境，“第二诊治意见”咨询师需要考虑自己是要一起还是分别会见来访者和他们当前的咨询师。如果采用前一种方法，那么我们就有了一种两个人联合咨询的形式。如果采取后一种方法，那么就有两种可能性：一是“第二诊治意见”咨询师先见来访者，然后向其当前的咨询师进行反馈；二是当来访者第一次联系第三方视角的咨询师时，建议他们当前的咨询师先与“第二诊治意见”咨询师会谈，“第二诊治意见”咨询师与来访者会谈后再反馈给当前咨询师。根据我的经验，当前咨询师参与进来时，接触方式可能是通过电话而不是面对面会谈。

“第二诊治意见”咨询师给予当前咨询师反馈的目的，是帮助当前咨询师加深他们对来访者及其所处困境的理解，修正他们对来访者的行为，希望能打破这种僵局。

摆脱困境：案例

我的一位咨询师同事让我和他已经咨询六个月的来访者萨拉进行一次单次咨询。他们目前在咨询上陷入了僵局，我们三人商定的计划是，在第三方视角会谈结束时，我将向当前的咨询师提供相关的反馈。

萨拉当前的咨询师迈克让我单独去见她，萨拉同意了。

萨拉通过电话和我取得了联系。在向我叙述了她咨询的最新进展后，萨拉证实她在咨询中感到“卡住了”。基于这次沟通，我设计了以下问题，这些问题我打算在单次咨询中询问萨拉。在见面之前，我给萨拉发了一个问题清单，让她用这个清单为我们的会谈做准备。我告诉她也可以忽略这个清单，如果她愿意，可以用自己的方式准备第二次咨询。萨拉选择了前者。我的提问清单如下：

① 您最初寻求帮助是为了解决什么问题？

② 您在每个问题上取得了哪些进展？

③ 您觉得迈克（现在的咨询师）的治疗对您最有帮助的是什么？

④ 您认为他对您的咨询最没有帮助的是什么？

⑤ 有什么问题您需要在咨询中提出，但却没有？如果是这样，这些问题是什么，您为何没有提出来？

⑥ 您目前的咨询目标是什么？您在这方面取得了哪些进展？

⑦ 您觉得您和迈克在哪些方面有分歧？如果有，它们是什么？

⑧ 您能在多大程度上给迈克真实的咨询反馈？

⑨ 您在多大程度上对改变持矛盾态度？有什么问题是您害怕放弃的吗？

⑩ 在您的生活中，谁可以促进治疗？

⑪ 当迈克建议您和我见面时，您最初的反应是什么？这种反应改变了吗？

在我们单独面对面的第二诊治意见会谈中，我带着萨拉探讨了这些问题，根据她的回答，我在电话里给了迈克如下反馈：

萨拉提到她喜欢你，和你在一起感觉很舒服，和你的关系总体来说很好。然而，最近她觉得你对她现在的进步没有原来那么快而感到急躁。这让她不愿和你讨论那些她认为你可能不想听的让她烦恼的事情。这与她对祖父无话不谈形成了鲜明的对比。我认为这是导致咨询停滞不前的主要原因。

迈克承认，他最近对萨拉感到有点恼火，现在他知道这种恼火是由于萨拉需要得到他的认可。他决定把这个问题提交监管部门处理❶。

随后，我得知迈克和他的主管讨论了这个问题并改变了对萨拉的态度，萨拉后来觉得可以和迈克讨论停滞不前的问题，以及其他从治疗计划中取消并导致治疗停滞不前的问题。

我认为提供第三方视角是一种特殊形式的单次咨询，因为第三方视角只会与来访者有一次面对面的会谈（或咨询师和来访者二人，如果他们一起参加会谈的话）❷。

---

❶ 第三方视角不是监督。第三方视角的作用是提供反馈，而不是与咨询师进行长时间的讨论。第三方视角也不是对来访者的咨询，尽管来访者可能会发现第三方视角给他们提供了一个机会对咨询进行反思并从中得到一个新的视角。

❷ 就像前面的内容所示，第三方视角咨询师要么与当前的咨询师交谈一次（给出反馈），要么交谈两次（听取简报，然后给出反馈）。

100 KEY POINTS

单次咨询：100 个关键点与技巧

Single-Session Therapy (SST): 100 Key Points and Techniques

Part 9

第九部分

单次咨询常见误区、疑虑与问题

98

在 SST 中的常见误区

根据我的经验，单次咨询易学难精，新手从业者常犯若干典型错误。霍伊特与坎尼斯特拉（Hoyt & Cannistrà，2021）曾撰文详述这些常见误区，现列举如下并附简要评注：

强制限定单次咨询

单次咨询思维的核心特质在于灵活性。当咨询师告知来访者“仅安排一次会谈”时，这种做法既僵化，也违背了 SST 的本质——咨询师与来访者一起工作的目的是帮助来访者达成咨询目标；若未达成，仍可继续寻求帮助。此类错误只会徒增咨访双方的压力，而无实质效益。

质疑单次咨询的可行性

持此观点的单次咨询的咨询师虽属罕见，但一旦存在，他们往往会将 SST 最终转变为长程咨询。典型表现为咨询师例行公事般建议后续咨询，却忽视实证数据——来访者在公立及慈善心理咨询机构最普遍的咨询次数就是一次。咨询师或许难以相信“一次咨询即可”，但众多来访者却作出了不同选择。

认为 SST 不适用于复杂或困难问题

从开放式（免预约）的 SST 服务实践中得出的一个重要启示是：有复杂和困难问题的人可以像有简单问题的人一样得到帮助（Riemer et al., 2018）。此外，这类拥有复杂和困难问题的人尤其认同 SST 模式的特点——聚焦其求助时最关切的特定问题，而不像传统咨询那样要求处理其复杂处境的全部内容，导致核心诉求被边缘化。

降低来访者的积极期待

正如我先前所述，杰罗姆·弗兰克（Jerome Frank, 1961）提出过一个重要观点：所有寻求心理帮助的来访者都共同具有士气低落的特点。SST 的目标之一就是帮助来访者重拾信心。若咨询师降低来访者的积极期待，这实际上是对来访者的伤害。但是，这并不意味着咨询师应该让来访者对 SST 抱有不切实际的高期待——这同样是个错误。

未能协助来访者明确具体治疗目标

尽管来访者带着各种具体的或笼统的问题前来寻求 SST 帮助，但若咨询师不询问他们的咨询目标，这就是一个失误。目标越具体，来访者与咨询师的协作就越有成效。否则会谈将失去方向感，阻碍来访者获得最大收益。

忽视来访者自己的问题解决思路

多数咨询师对如何处理来访者的问题都有既定方案。虽然这本身无可厚非，但在 SST 中，询问来访者本人对解决问题的思路至关重要。忽视这一点，就违背了 SST“以来访者为中心、以来访者为主导”的咨询原则。然而，若咨询师完全不分享自己的专业观点——尤其是当来访者的想法可能在无意间维持而非解决问题时——同样是个错误。最佳的做法往往是双方共同构建问题解决之道。

工作完成后仍延续会谈

SST 强调创造性地灵活运用时间。我通常会告知来访者我的 SST 会谈最长不超过 50 分钟。如果我们在 40 分钟时已经完成既定工作，那就应该及时结束会谈。若仅仅因为“预设”了 50 分钟时长而强行延续，反而可能导致来访者提出新问题却无法妥善处理，最终使会谈在低能量（而非高能量）状态下结束。因此，在咨询目标达成后仍继续会谈，无疑是 SST 中的明显错误。

忽视微小进展

“千里之行，始于足下”这句常可以听到的中国谚语，出自中国古代哲学家老子所著《道德经》的第 64 章。它告诉我们：即便是最漫长艰难的征程也有一个起点，那是我们开始第一步的地方。这就是为什么我常说“单次咨询往往是某种开始而非结束”。虽然我们很难在一次咨询中彻底解决问题，但可以帮助来访者获得虽微小却意义深远的收获，使他们可以在人生道路上继续前行。当然，他们知道，他们随时可以回来获得更多帮助。因此，没有鼓励来访者在 SST 中迈出一小步是一个错误。

忽视对失败案例的研究

单次咨询观念模式为咨询师提供了多种 SST 情景中的实践方法，但是，遵循这些建议并不能保证来访者必然获益。因此，在学习 SST 成功案例的同时，认真研究咨询不顺利的案例同样重要。因此，回避从失败案例中吸取教训也是一个错误。

忽略现实生活问题

想要有效地帮助来访者应对困境，就必须将其问题置于现实情景中来理解。在此过程中，重视来访者当前面临的实际生活中的问题至关重要。我发现，当向来访者传达对这些现实问题的理解时，帮助他们区分“对逆境产生健康的负面情绪”与“不健康的心理困扰”尤为有效（Dryden，2022a）。向来访者阐明“对糟糕事物流露负面情绪是正常反应”，对那些认为“不该被此事困扰”的来访者特别有帮助。若忽视来访者的现实问题，我将无法实施这种干预。因此我完全同意霍伊特与坎尼斯特拉（Hoyt & Cannistr à，2021）的观点：忽视现实问题是一个错误。

固守单一咨询模式

在第 42 个关键点中，我论述过 SST 的多元性本质。鉴于来访者问题的多样性，仅采用单一咨询模式是错误的——这种做法是试图让来访者适应咨询师的模式，而非调整工作方式以适应来访者的需求。

忽视来访者的文化背景

在作为 SST 咨询师的职业生涯早期，我就认识到文化敏感性的重要性。例如，一位印度来访者对“尊重父母”的理解与一位英国来访者的理解就存在显著差异。若用后者的标准对待前者（或反之），本身就是不尊重的表现，也必将导致咨询效果不佳。

认为“解决问题”是 SST 唯一目标

虽然多数来访者确实是为解决问题而来寻求 SST 的帮助，但这并非意味着所有来访者都是如此。正如我在第 22 章所述，SST 咨询师可以提供多种类型的帮助。从工作联盟的视角来看，当咨询师提供的帮助类型与来访者需求相匹配的时候，SST 效果最佳。因此，尽管 SST 常以解决问题为目标，但若咨询师僵化地认定这是唯一目标，则既缺乏灵活性，也存在认知错误。

忽视专业培训、督导及行政支持

完善的 SST 培训、适宜的督导机制和健全的行政支持，犹如植物生长的土壤。配置得当，SST 实践便能枝繁叶茂；配置失当或完全缺失，则难免枯萎凋零（详见第 41 个关键点）。

99

咨询师对 SST 的常见疑虑

初次接触 SST 的咨询师往往会带着传统咨询的思维模式，并因此对 SST 提出一些疑虑。在本章中，我将列举其中一些常见的担忧，并简要回应这些观点。

SST 并非真正的咨询

持此观点的咨询师认为，咨询的界定特征在于其持续一定时长，且必然超过单次会话。然而，SST 完全符合咨询的所有标准，可以被看作是一种咨询形式。理由如下：①咨询师与来访者互动，帮助改善其心理健康的某些方面；②这种关系符合伦理，并基于对 SST 可实现与不可实现目标的知情同意；③来访者自己判断单次咨询是否达到其想要的目标，或是否需要进一步的帮助（参见 Young & Jebreen, 2019）。

真正的治疗改变是缓慢渐进的

当然，咨询带来的改变可能是渐进的，但也可能是快速的。此外，单次咨询中发生的改变通常是整个改变过程的第一步，而这一过程往往在咨询结束后由来访者持续推动。我们真的能断言这“第一步”不包含“真正”的改变吗？

有效咨询依赖于需要时间建立的工作联盟

上文所述观点在此同样适用。虽然工作联盟的形成通常需要时间，但在单次咨询中快速建立联盟的情况并不罕见（参见 Simon et al.，2012；Young & Bhanot-Malhotra，2014）。

SST 无法实现深度联结

尽管 SST 中可能难以建立深度关系，但具有深度联结的互动瞬间仍可能出现（参考罗杰斯与格洛丽亚的访谈，Burry，2008）。尽管如此，即使能在 SST 中建立深度联结，也没有证据表明它能提升治疗效果。

SST 是权宜之计吗？

所谓"权宜之计"通常指一种简易的补救措施，特别是那些未能解决根本问题的临时方案。根据这一定义，SST 并非权宜之计。首先，SST 咨询师并不试图解决来访者的深层问题，而是聚焦于其主动提出的问题——即来访者自己认定的首要关切的问题。其次，咨询师并非要为该问题提供临时解决方案，而是与来访者共同制定有效策略，并启动一个在咨询结束后仍可持续的、由来访者自己推动向前的改变过程。

SST 是治标不治本吗？

"创可贴"（sticking plaster）指带有黏性背衬的柔性敷料，用于覆盖创口以预防感染并促进愈合。但"创可贴式解决方案"（sticking plaster solution）则喻指对严重问题的临时性、不彻底处理。在 SST 实践中，我们认同前者的积极意义而否定后者。咨询师致力于保护来访者免受伤害，并与他们一起协同探索前进方向，促成疗愈与成长，无论是通过当次咨询本身，还是在来访者提出需求要协助其获取进一步帮助时。

SST 会导致来访者无法获得所需的治疗吗？

有计划的 SST（亦称“设计型单次咨询”）正是基于来访者对服务的使用模式而发展起来的。数据显示：在心理咨询机构中，来访者接受治疗的次数众数为 1 次，且多数来访者对这一次咨询表示满意（Hoyt & Talmon，2014b）。这表明许多来访者期待快速获得帮助，而 SST 正是为满足这一需求而发展起来的。更何况，SST 始终包含“必要时提供后续帮助”的选项，这意味着 SST 给予来访者的是他们自认所需，而非治疗师认为来访者所需。唯一限制因素在于机构所能提供的服务——某些服务的缺失是机构的局限性，而非 SST 本身。

SST 意味着对咨询次数的限制吗？

此疑虑与上述问题类似，回应逻辑也相通。几乎没有机构会硬性规定来访者只能接受单次咨询。正如本书反复强调的，SST 的本质在于咨询师与来访者达成共识：若单次咨询后仍需帮助，来访者完全可以继续获得服务。任何咨询次数的限制都源于机构规定，而非 SST 的本质属性。因此，当单次咨询后双方认定持续治疗更有利时，只要机构提供该服务即可实施。若机构未能提供相应服务，这又如何能归咎于 SST 对来访者的限制呢？

资金管理者推崇 SST 只是为了节省开支吗？

SST 的治疗宗旨是提供即时所需的帮助。当机构引入 SST 后，确实能有效缩短轮候名单和来访者的等待时间。但现有证据表明，这几乎不会为机构节省开支。因此，若资金管理者出于节省成本的考虑而引入SST，在我看来，这不过是“歪打正着”——虽然结果正确，但动机有误。我认为 SST 真正的价值在于：它既提升了机构运作效率，又提振了咨询师的士气，因为能够满足他们“快速帮助来访者”的职业诉求。

SST 是否严格限定为单次咨询？

如第一个关键点所述，若从字面理解“单次咨询”（single-session therapy）一词，确实容易产生“仅限单次”的误解。但正如全书反复强调的（参见前文“SST 意味着对咨询次数的限制吗？”），这并非 SST 的本质特征。当然，在某些特定情境下（如：咨询示范、第二视角意见征询，或来访者事先声明仅接受单次咨询时），SST 确实“仅此一次”。但这些情况只是少数——SST 的设计理念是帮助来访者从咨询中获得他们想要的，并让其知晓，如果需要，他们随时可以获得更多的帮助。正是由于“单次咨询”这一名称容易引发误解，我更倾向于将自己的 SST 体系称为“加一次咨询”（ONEplus Therapy），以突显其“单次为基，多次可选”的双重特性（详见第 1 个关键点相关论述）。

所谓 SST 只是将多次咨询“浓缩”为单次吗？

习惯提供手册化 / 标准化治疗（manual-based/protocol-based therapy）的咨询师习惯按照逐次递进的治疗方案开展工作，他们往往会误以为需要将常规多次疗程的内容“浓缩”到单次咨询中。这种认知如果属实的话确实会令人不安——所幸事实并非如此。如第 44 个关键点所述，SST 拥有独特的咨询进程（包含开始、中间和结束阶段），完全无需将多次咨询内容强行压缩到一次。单次咨询要求咨询师与来访者确认其当次咨询目标，共同聚焦关键议题，并确保来访者能够带着可应用于生活的实质性收获结束咨询。

SST 仅适用于简单问题？

从开放式咨询 / 免预约咨询场景中 SST 实践者的经验来看，来访者求助的问题多种多样，既包含简单问题也包含复杂问题，而 SST 普遍能有效满足他们的需求。那些认为 SST 仅适用于简单问题的人往往没有 SST 操作经验，他们仍以传统咨询视角进行判断，而不是第 14 个关键点所述的单次咨询的观念模式。

SST 不适用于脆弱群体？

针对“SST 不适用于‘脆弱’来访者”的质疑，我们可以用类似的论点来回应。当处于风险或脆弱状态的来访者寻求 SST 帮助时，咨询师的工作目标正是通过处理其当下的关注点来提升他的安全性和心理韧性。SST 关注的是具体的一个人而非一类人——“脆弱群体”本身就是一个分类概念。事实上，SST 对处于心理风险中的个体更具优势：首先能更快获得接诊（相比非 SST 服务），其次 SST 机制本身就包含“咨询结束后持续提供支持”的保障，避免来访者陷入孤立无援的困境。

SST 从业者认为 SST 能解决所有问题？

根据我在 SST 领域的观察，这个群体的咨询师普遍秉持谦逊态度，对 SST 的适用边界有清晰认知。SST 咨询师坚持认为：只有当 SST 被整合到提供多元服务的机构中时，才能发挥最佳效果。我们从不主张用 SST 取代其他服务形式——若真如传言所说 SST 从业者认为它能解决一切问题，我们早该呼吁全面取代其他疗法了，而这显然从未发生。

SST 等同于危机干预?

无论是处于危机状态的来访者还是非危机状态的来访者都会寻求 SST 帮助，因此，基于单次咨询的危机干预只是 SST 的一种应用场景，而不是 SST 的全部。

SST 比长期治疗更容易操作?

因其简洁性和聚焦性，部分咨询师认为 SST 比长程咨询更易操作。但是，持这种观点的咨询师往往没有多少 SST 实践经验。事实上，正因其简洁和聚焦，SST 可能比长程咨询更具挑战性。在 SST 领域中，经验丰富的咨询师和新手咨询师对此议题也会有不同见解。

100

关于 SST 和免预约咨询的常见问题

关于 SST 的常见问题总览

本书多次强调，SST 对传统咨询理念提出了挑战，因此初次接触 SST 的咨询师往往会对其方方面面产生诸多疑问。基于十年来在全球培训课程中收集的反馈，我已将最常被问及的 50 个问题编纂成册（Dryden，2022c）。表 100-1 列出了这些问题，其中部分问题已在本书中作出了解答。但是，如需获取这些关于 SST 问题的完整答复，请参阅德莱登（Dryden，2022c）的专著。

专门针对免预约咨询的问题

免预约咨询模式对大多数咨询师珍视的心理咨询理论与实践形成了诸多挑战。斯里和博贝勒（Slive & Bobele，2011c）系统整理了在免约咨询培训课程中最常被问及的问题。这些问题既反映了临床工作者对免预约咨询的关注，也揭示了常见认知误区，值得结合斯里和博贝勒（Slive & Bobele，2011c）的回应进行深入探讨。你会发现专门针对免预约咨询的问题与 SST 的常见问题存在部分交集。

表 100-1 关于单次咨询的常见问题（Dryden, 2022c）

单次咨询的本质
1. 什么是单次咨询?
2. 既然允许后续咨询，为何仍称为“单次”咨询?
3. 单次咨询与“约一做一式咨询”（one-at-a-time therapy，OAATT）有何异同?
4. 单次咨询属于心理治疗吗? 属于心理咨询范畴吗?
5. 单次咨询是一种咨询流派吗?
6. 如何理解“单次咨询思维”（single-session thinking）?
单次咨询的实践基础
7. 咨询服务机构如何将 SST 整合至现有服务体系?
8. 咨询师能否在单次咨询中建立有效的治疗关系?
9. 如何与 SST 来访者建立深度联结的关系?
10. 如何评估来访者是否适合 SST?
11. 当来访者需要进行评估诊断时，能否实施 SST?
12. 为什么来访者愿意寻求单次咨询?
13. 对于只想探索问题而非解决问题的来访者，SST 是否适用?
14. 哪些类型的问题适合 / 不适合 SST?
15. SST 能否用于严重 / 复杂 / 慢性问题，还是仅适用于简单问题?
16. 实施 SST 前咨询师需要了解来访者的哪些基本信息?
单次咨询的实践应用
17. SST 是否适用于所有来访者?
18. 当来访者难以明确具体咨询目标时，咨询师能否有效开展 SST?
19. 来访者能否通过 SST 获得真正所需的帮助?
20. 哪些来访者因素会影响 SST 的效果?
21. 在单次咨询前，来访者需要了解哪些信息才能从治疗中获得最大收益?
22. 能否帮助来访者为单次咨询做准备?
23. 单次咨询的最佳开场方式是什么?
24. 单次咨询的时长是否比持续性咨询的时长更长?
25. 咨询师在单次咨询中如何管理风险?
26. 哪些咨询师因素有助于来访者在单次咨询中获得良好效果，哪些因素可能导致效果不佳?

续表

27. 有哪些技巧可以帮助咨询师在单次咨询中保持聚焦? 28. 咨询师在实践单次咨询时感到最困难的是什么? 29. 所有咨询师都能实践单次咨询（SST）吗? 30. 单次咨询是否比持续性咨询更容易实践? 31. 实践单次咨询时是否需要遵循特定协议? 32. 假设单次咨询的典型模式为一次会谈，且 70%~80% 的来访者认为在当前情况下一次会谈已经足够。考虑到大多数咨询的首个会谈主要用于病史采集和评估而非咨询，这是否意味着这些仅参与一次的来访者仅通过一次病史采集和评估就得到了帮助? 33. 咨询师如何以最佳方式结束单次咨询? 34. 咨询师如何判断在单次咨询结束时是否需要为来访者提供进一步帮助? 35. 单次咨询适用于哪些形式和来访者群体? 36. 来访者是否可能在单次咨询中受到伤害?
关于单次咨询的关键问题 37. 咨询协议通常基于特定心理问题需要固定次数疗程（如 12 次或 16 次）的理念，这是否与单次咨询相冲突? 38. 单次咨询是否等同于咨询师将多次会谈强行压缩为一次? 39. 单次咨询是否仅为危机干预? 40. 考虑到真正的改变往往是缓慢渐进的，单次咨询是否只能带来表面改变? 41. 单次咨询是否仅帮助来访者处理表象问题，而非真正的潜在问题? 42. 单次咨询是否只是一种权宜之计或快速解决方案? 43. 单次咨询是否会限制来访者获得更多治疗的机会? 44. 单次咨询是否仅出于实际考量（如缩短候诊名单、节省机构成本）而使用? 若是，这对来访者和咨询师意味着什么?
其他问题 45. 单次咨询是否被纳入咨询培训课程的教材? 46. 实践单次咨询需要接受哪些培训? 47. 你在实践单次咨询时遇到过哪些挑战? 48. 你认为单次咨询中哪些理念最实用? 49. 应如何推广单次咨询服务? 50. “单次咨询思维”能否应用于咨询以外的其他工作领域?

问：是否有些来访者的问题过于严重和慢性化，无法通过单次免预约咨询服务解决？

答：若遇到这种情况，可将来访者转介至更合适的资源。另外，这类来访者可能只是为处理更易解决的问题而寻求帮助。例如，边缘型人格障碍患者可能前来进行免预约咨询，只为获得面试技巧以应对即将到来的工作面试。

问：是否有些来访者想要的服务是免预约咨询无法提供的？

答：确实存在。但由于我们会鼓励来访者明确告知咨询师其需求，此时咨询师会说明该服务不在提供范围内，并告知相关资源获取渠道。

问：对于反复前来免预约咨询的来访者该如何处理？

答：通常认为这恰恰证明免预约咨询服务发挥了作用——来访者已与该服务（而非特定咨询师）建立了信任联盟。

问：免预约咨询服务如何应对高风险来访者？

答：建立免预约咨询服务时，必须与当地相关机构形成工作机制。当发现风险时，需进行评估并采取应对措施。同时评估来访者的优势资源，共同制定安全计划。

问：免预约咨询服务是否会因来访者过多而超负荷？

答：若出现这种情况，机构会进行分流处理，优先为高风险者安排咨询。未能即时接待的来访者将被鼓励尽早再次来访。不过这种情况并不常见。

问：这是否只是一种治标不治本的“创可贴”式服务？

答：正如斯里和博贝勒（Slive & Bobele，2011c:19）所言：“没错，感谢您的夸奖——创可贴既能促进伤口愈合，又能防止感染扩散。”

问：免预约咨询是否主要针对低收入和少数群体？

答：斯里和博贝勒（Slive & Bobele，2011c:19）指出：“免预约单次服务是否适用取决于个人和具体情境，而非服务本身的优劣。”在英国，低收入和少数群体对常规心理健康服务利用率较低。因此，若这些群体选择使用强调即时帮助的免预约咨询服务，理应予以肯定而非质疑。

后记

从 SST 实践中获得的个人启示

关于 SST 的文献中，不乏知名专家分享他们通过实践获得的宝贵经验（如 Bloom，1992；Hoyt，2018；Talmon，1990）。虽然这些经验值得借鉴，但需要特别说明的是，这些经验都是由以独特方式实践 SST 的从业者所积累的。在本文后记中，当我谈及自己通过 SST 实践所获得的经验时，请务必牢记这一点。需要特别说明的是，我只会收录那些在经历错误或挣扎后才真正领悟到的教训。

别急着赶工

刚开始练习 SST 时，我总觉得自己压力很大，必须快节奏工作。这种焦虑其实源自自我设限——当时误以为自己在 SST 中任务繁重（这个认知误区我稍后会详细说明），时间又不够用，就不得不仓促行事。结果就是没能有效帮助来访者。后来通过听早期 SST 工作的录音，我确信自己的确是这样：在催促来访者快速完成流程的过程中，效果却大打折扣。于是我决定放慢节奏，以当时效力阿森纳中场的梅苏特 · 厄齐尔为榜样，学习他在球场上创造个人空间的技巧。随着节奏放缓，我的工作效率反而显著提升。

花时间精准评估来访者问题至关重要

在进行 SST 时，我曾处于“赶工”状态，导致对来访者提出的核心问题评估投入的时间和精力不足。作为 SST 治疗师，我始终坚信：在制定目标并寻找解决方案前，必须先准确理解来访者的问题本质（详见第 56 个关键点）。因此，明确来访者问题核心的困境尤为关键——这能促使我们针对具体问题制定个性化方案，而非简单套用现成的解决方案。每次公开演示 SST 时，观众常惊叹于我投入的评估时间，但来访者反馈普遍积极，他们不仅认可评估的准确性，更表示这种深度剖析帮助我们找到了优质解决方案。

切忌让来访者信息过载

当年我在进行 SST 时，总处于“赶工”状态，主要原因是觉得需要覆盖太多知识点。结果就是给来访者塞了太多信息，讲得太多。早期学员反馈说，每次训练结束都一头雾水，有学员甚至说结束时头都快蒙了。这种情况发生时，当事人基本解决不了问题。因此我领悟到：在 SST 训练中，少即是多才是王道（详见第 10 个关键点）。

只记住一件事

当我刚开始实践 SST 疗法时，总想让来访者在咨询结束后带走尽可能多的知识，让他们能充分受益。我把这种现象称为“犹太母亲综合征”。例如，我自己的母亲在我每次探望结束时，只有看到我吃完面前摆着的所有食物，并且带走更多的食物“留着以后吃”才会感到高兴。就像我母亲在用餐后若把所有食物吃完就心满意足，还额外准备“留着下次吃”一样。我逐渐明白，那些能消化吸收一个核心治疗要点、原则或方法的 SST 来访者，往往比那些带着一堆理论却毫无消化的来访者收获更大。从那以后，我开始引导来访者记住“关键点”（Keller & Papasan，2012），不再像以前那样“倾囊相授”。当然，如果来访者能带走多个要点也完全没问题。

确保来访者保持积极处理模式

若要让来访者从 SST 中获得最大收益，关键在于他们能主动处理与咨询师的对话内容。刚开始时，我过于执着于我认为必须讨论的内容，而忽略了来访者是否真正理解。根据反馈来看，来访者对讨论内容的处理显然存在障碍。意识到这一点后，我及时调整策略，确保来访者始终处于积极处理模式。为此，我会定期确认咨询进度是否顺利，并确保沟通清晰无误。同时，我努力帮助来访者在情感层面与讨论议题产生共鸣，避免他们被情绪淹没。这种认知 - 情感处理方式能有效提升来访者的参与度，从而促进问题解决。

建议来访者在咨询前调整心态，咨询后进行深度反思

在这个科技时代，人们极易分心——他们总忍不住刷手机、频繁发短信或微信、用平板电脑上网，甚至在各种设备上听音乐。我发现当来访者参加单次咨询时，刚开始专注度往往达不到预期，我需要花好几分钟才能让他们进入状态。因此现在我会要求他们在咨询前 30 分钟关闭所有电子设备，并找一个安静环境调整心态。记得之前已通过填写咨询前问卷（见第 49 个关键点）帮助他们做好准备。咨询后同样建议来访者独处半小时，认真反思本次会谈内容。建议他们在反思期间思考：从咨询中学到了什么？将如何运用所学？之后再重新开启设备。

建议来访者在下次预约咨询前消化并落实所学内容

正如我在第一章所述，SST 的核心理念在于帮助来访者充分利用首次咨询——毕竟这可能是他们唯一的一次治疗机会。针对咨询结束后是否需要继续治疗的问题，我尝试过多种解决方案。根据实践经验，建议来访者花时间完成以下三步：①反思本次咨询；②消化咨询内容并思考如何应用所学；③将咨询中获得的解决方案或学习成果在后续实践中落实。为助力长期反思与实践，我还会提供录音文件和 / 或咨询记录供来访者参考（详见第 85 个关键点）。

参考文献

Appelbaum, S. A. (1975). Parkinson's Law in psychotherapy. *International Journal of Psychoanalytic Psychotherapy*, 4, 426–436.

Barber, J. (1990). Miracle cures? Therapeutic consequences of clinical demonstrations. In J. K. Zeig & S. G. Gilligan (Eds.), *Brief Therapy: Myths, Methods and Metaphors* (pp. 437–442). New York: Brunner-Mazel.

Baumeister, R. F. & Bushman, B. (2017). *Social Psychology and Human Nature*. Boston, MA: Cengage Learning.

Bennett-Levy, J., Butler, G., Fennell, M., Hackman, A., Mueller, M. & Westbrook, D. (Eds.). (2014). *Oxford Guide to Behavioural Experiments in Cognitive Therapy*. Oxford: Oxford University Press.

Bloom, B. L. (1981). Focused single-session therapy: Initial development and evaluation. In S. Budman (Ed.), *Forms of Brief Therapy* (pp. 167–216). New York: Guilford Press.

Bloom, B. L. (1992). *Planned Short-Term Psychotherapy: A Clinical Handbook*. Boston, MA: Allyn and Bacon.

Bordin, E. S. (1979). The generalizability of the psychoanalytic concept of the working alliance. *Psychotherapy: Theory, Research and Practice*, 16, 252–260.

Burry, P. (2008). *Living with the 'Gloria Films': A Daughter's Memory*. Ross-on-Wye, Herefordshire: PCCS Books.

Cannistrà, F. (2022). The single session therapy mindset: Fourteen principles gained through an analysis of the literature. *International Journal of Brief Therapy and Family Science*, 12(1), 1–26.

Colman, A. (2015). *Oxford Dictionary of Psychology*. 4th edn. Oxford: Oxford University Press.

Cooper, M. & McLeod, J. (2011). *Pluralistic Counselling and Psychotherapy*. London: Sage.

Cooper, S. & 'Ariane' (2018). Co-crafting take-home documents at the walk-in. In M. F. Hoyt, M. Bobele, A. Slive, J. Young, & M. Talmon (Eds.), *Single-Session Therapy by Walk-In or Appointment: Administrative, Clinical, and Supervisory Aspects of One-at-a-Time Services* (pp. 260–269). New York: Routledge.

Cummings, N. A. (1990). Brief intermittent psychotherapy through the life cycle. In J. K. Zeig & S. G. Gilligan (Eds.), *Brief Therapy: Myths, Methods and Metaphors* (pp. 169–194). New York: Brunner/Mazel.

Cummings, N. A. & Sayama, M. (1995). *Focused Psychotherapy: A Casebook of Brief Intermittent Therapy Through the Life Cycle*. New York: Brunner-Mazel.

Daniels, D. (2012). *Gloria Decoded: An Application of Robert Langs' Communicative Approach to Psychotherapy*. Other Thesis, Middlesex University. Available from Middlesex University's Research Repository at http://eprints.mdx.ac.uk/9787/.

Davis III, T. E., Ollendick, T. H. & Öst, L.-G. (Eds.). (2012). *Intensive One-Session Treatment of Specific Phobias*. New York: Springer.

de Shazer, S. (1988). *Clues: Investigating Solutions in Brief Therapy*. New York: Norton.

de Shazer, S. (1991). *Putting Difference to Work*. New York: Norton.

Doran, G. T. (1981). There's a S.M.A.R.T. way to write management's goals and objectives. *Management Review*, 70(11), 35–36.

Dryden, W. (1985). Challenging but not overwhelming: A compromise in negotiating homework assignments. *British Journal of Cognitive Psychotherapy*, 3(1), 77–80.

Dryden, W. (1991). *A Dialogue with Arnold Lazarus: 'It Depends'*. Milton Keynes: Open University Press.

Dryden, W. (2006). *Counselling in a Nutshell*. London: Sage.

Dryden, W. (2011). *Counselling in a Nutshell*. 2nd edn. London: Sage.

Dryden, W. (2015). *Rational Emotive Behaviour Therapy: Distinctive Features*. 3rd edn. Hove, East Sussex: Routledge.

Dryden, W. (2016). *When Time Is at a Premium: Cognitive-Behavioural Approaches to Single-Session Therapy and Very Brief Coaching*. London: Rationality Publications.

Dryden, W. (2017). *Single-Session Integrated CBT (SSI-CBT): Distinctive Features*. Abingdon, Oxon: Routledge.

Dryden, W. (2018a). *Very Brief Therapeutic Conversations*. Abingdon, Oxon: Routledge.

Dryden, W. (2018b). *Cognitive-Emotive-Behavioural Coaching: A Flexible and Pluralistic Approach*. Abingdon, Oxon: Routledge.

Dryden, W. (2020). *Single-Session Coaching and One-at-a-Time Coaching: Distinctive Features*. Abingdon, Oxon: Routledge.

Dryden, W. (2021a). *Single-Session Therapy @ Onlinevents*. Sheffield: Onlinevents Publications.

Dryden, W. (2021b). *Rational Emotive Behaviour Therapy: Distinctive Features*. 3rd edn. Abingdon, Oxon: Routledge.

Dryden, W. (2021c). *Seven Principles of Doing Live Therapy*

Demonstrations. London: Rationality Publications.
Dryden, W. (2022a). *Single-Session Integrated CBT (SSI-CBT): Distinctive Features*. 2nd edn. Abingdon, Oxon: Routledge.
Dryden, W. (2022b). *I Wish You a Healthy Christmas: Single-Session Therapy in Action*. Sheffield: Onlinevents Publications.
Dryden, W. (2022c). *Single-Session Therapy: Responses to Frequently Asked Questions*. Abingdon, Oxon: Routledge.
Dryden, W. (2023). *Single-Session Therapy and Regret*. Sheffield: Onlinevents Publications.
Ellis, A. (1977). Fun as psychotherapy. *Rational Living*, 12(1), 2–6.
Ellis, A. & Joffe, D. (2002). A study of volunteer clients who experienced live sessions of rational emotive behavior therapy in front of a public audience. *Journal of Rational-Emotive & Cognitive-Behavior Therapy*, 20, 151–158.
Fay, A. (1978). *Making Things Better by Making Them Worse*. New York: Hawthorn.
Flaxman, P. E., Blackledge, J. T. & Bond, F. W. (2011). *Acceptance and Commitment Therapy: Distinctive Features*. Hove, East Sussex: Routledge.
Foreman, D. M. (1990). The ethical use of paradoxical interventions in psychotherapy. *Journal of Medical Ethics*, 16, 200–205.
Frank, J. D. (1961). *Persuasion and Healing: A Comprehensive Study of Psychotherapy*. Baltimore, MD: The Johns Hopkins University Press.
Frank, J. D. (1968). The influence of patients' and therapists' expectations on the outcome of psychotherapy. *British Journal of Medical Psychology*, 41, 349–356.
Freud, S. & Breuer, J. (1895). *Studien Über Hysterie*. Leipzig and Vienna: Deuticke.
Goldfried, M. R. (1988). Application of rational restructuring to anxiety disorders. *The Counseling Psychologist*, 16, 50–68.
Goulding, M. M. & Goulding, R. L. (1979). *Changing Lives through Redecision Therapy*. New York: Grove Press.
Haley, J. (1989). *The First Therapy Session: How to Interview Clients and Identify Problems Successfully* (audiotape). San Francisco: Jossey-Bass.
Hauck, P. A. (2001). When reason is not enough. *Journal of Rational-Emotive & Cognitive-Behavior Therapy*, 19, 245–257.
Hayes, A. M., Laurenceau, J.-P., Feldman, G., Strauss, J. L. & Cardaciotto, L. (2007). Change is not always linear: The study of nonlinear and discontinuous patterns of change

in psychotherapy. *Clinical Psychology, Review, 27*, 715–723.

Hoyt, M. F. (2011). Foreword. In A. Slive & M. Bobele (Eds.), *When One Hour is All You Have: Effective Therapy for Walk-in Clients* (pp. xix–xv). Phoenix, AZ: Zeig, Tucker, & Theisen.

Hoyt, M. F. (2018). Single-session therapy: Stories, structures, themes, cautions, and prospects. In M. F. Hoyt, M. Bobele, A. Slive, J. Young & M. Talmon (Eds.), *Single-Session Therapy by Walk-In or Appointment: Administrative, Clinical, and Supervisory Aspects of One-at-a-Time Services* (pp. 155–174). New York: Routledge.

Hoyt, M. F., Bobele, M., Slive, A., Young, J. & Talmon, M. (Eds.). (2018a). *Single-Session Therapy by Walk-In or Appointment: Administrative, Clinical, and Supervisory Aspects of One-at-a-Time Services.* New York: Routledge.

Hoyt, M. F., Bobele, M., Slive, A., Young, J. & Talmon, M. (2018b). Introduction: One-at-a-time/single-session walk-in therapy. In M. F. Hoyt, M. Bobele, A. Slive, J. Young & M. Talmon (Eds.), *Single-Session Therapy by Walk-In or Appointment: Administrative, Clinical, and Supervisory Aspects of One-at-a-Time Services* (pp. 3–24). New York: Routledge.

Hoyt, M. F., & Cannistrà, F. (2021). Common errors in single session therapy. *Journal of Systemic Therapies*, 40(3), 29–41

Hoyt, M. F., Rosenbaum, R. & Talmon, M. (1990). Effective single-session therapy: Step-by-step guidelines. In M. Talmon, *Single Session Therapy: Maximizing the Effect of the First (and Often Only) Therapeutic Encounter* (pp. 34–56). San Francisco: Jossey-Bass.

Hoyt, M. F., Rosenbaum, R. & Talmon, M. (1992). Planned single-session psychotherapy. In S. H. Budman, M. F. Hoyt & S. Friedman (Eds.), *The First Session in Brief Therapy* (pp. 59–86). New York: Guilford Press.

Hoyt, M. F. & Talmon, M. (Eds.). (2014a). *Capturing the Moment: Single Session Therapy and Walk-In Services.* Bethel, CT: Crown House Publishing.

Hoyt, M. F. & Talmon, M. (2014b). What the literature says: An annotated bibliography. In M. F. Hoyt & M. Talmon (Eds.), *Capturing the Moment: Single Session Therapy and Walk-In Services* (pp. 487–516). Bethel, CT: Crown House Publishing.

Hoyt, M. F., Young, J., & Rycroft, P. (Eds.). (2021). *Single Session Thinking and Practice in Global, Cultural and Familial Contexts: Expanding Applications.* New York: Routledge.

Hymmen, P., Stalker, C. A. & Cait, C.-A. (2013). The case for single-session therapy: Does the empirical evidence support the increased prevalence of this service delivery model? *Journal of Mental Health*, 22(1), 60–67.

Iveson, C. (2002). Solution-focused brief therapy. *Advances in Psychiatric Treatment*, 8, 149–157.

Iveson, C., George, E. & Ratner, H. (2014). Love is all around: A single session solution-focused therapy. In M. F. Hoyt & M. Talmon (Eds.), *Capturing the Moment: Single Session Therapy and Walk-In Services* (pp. 325–348). Bethel, CT: Crown House Publishing.

Jacobson, N. S., Follette, W. C. & Revenstorf, D. (1984). Psychotherapy outcome research: Methods for reporting variability and evaluating clinical significance. *Behavior Therapy*, 15, 336–352.

Jones-Smith, E. (2014). *Strengths-Based Therapy: Connecting Theory, Practice and Skills.* Thousand Oaks, CA: Sage Publications.

Kazantzis, N., Whittington, C. & Dattilio, F. (2010). Metaanalysis of homework effects in cognitive and behavioral therapy: A replication and extension. *Clinical Psychology: Science and Practice*, 17, 144–156.

Keller, G. & Papasan, J. (2012). *The One Thing: The Surprisingly Simple Truth Behind Extraordinary Results.* Austin, TX: Bard Press.

Kellogg, S. (2007). Transformational chairwork: Five ways of using therapeutic dialogues. *NYSPA Notebook*, 19 (4), 8–9.

Kellogg, S. (2015) *Transformational Chairwork: Using Psychotherapeutic Dialogues in Clinical Practice.* Lanham, MD: Rowman & Littlefield.

Kopp, S. (1972). *If You Meet the Buddha on the Road, Kill Him: The Pilgrimage of Psychotherapy Patients.* Palo Alto, CA: Science and Behavior Books.

Kuehn, J. L. (1965). Encounter at Leyden: Gustav Mahler consults Sigmund Freud. *Psychoanalytic Review*, 52, 345–364.

Lambert, M. J. (2013). The efficacy and effectiveness of psychotherapy. In M. J. Lambert (Ed.), *Bergin and Garfield's Handbook of Psychotherapy and Behavior Change.* 6th edn (pp. 169–218). New York: Wiley.

Lazarus, A. A. (1981). *The Practice of Multimodal Therapy.* New York: McGraw-Hill.

Lazarus, A. A. (1993). Tailoring the therapeutic relationship, or being an authentic chameleon. *Psychotherapy: Theory, Research, Practice, Training*, 30, 404–407.

Lemma, A. (2000). *Humour on the Couch: Exploring Humour in Psychotherapy and in Everyday Life.* London: Whurr.

Leyro, T. M., Zvolensky, M. J. & Bernstein, A. (2010). Distress tolerance and psychopathological symptoms and disorders: A review of the empirical literature among adults. *Psychological Bulletin*, 136, 576–600.

Malan, D. H., Bacal, H. A., Heath, E. S. & Balfour, F. H. G. (1968). A study of psychodynamic changes in untreated neurotic patients: I. Improvements that are questionable on dynamic criteria. *British Journal of Psychiatry*, 114, 525–551.

Malan, D. H., Heath, E. S., Bacal, H. A. & Balfour, F. H. G. (1975). Psychodynamic changes in untreated neurotic patients: II. Apparently genuine improvements. *Archives of General Psychiatry*, 32, 110–126.

Miller, S. D., Duncan, B. L. & Johnson, L. D. (2002). *The Session Rating Scale 3.0.* Chicago, IL: Authors.

Miller, W. R. & C. de Baca, J. (2001). *Quantum Change: When Epiphanies and Sudden Insights Transform Ordinary Lives.* New York: Guilford.

Minuchin, S. & Fishman, H. C. (1981). *Family Therapy Techniques.* Cambridge, MA: Harvard University Press.

Murphy, J. J. & Sparks, J. A. (2018). *Strengths-Based Therapy: Distinctive Features.* Abingdon, Oxon: Routledge.

National Trust. (2017). *Places that Make Us: Research Report.* Swindon, Wiltshire: National Trust. Available at: www.nationaltrust.org.uk/documents/places-that-make-us-research-report.pdf.

Norcross, J. C. & Cooper, M. (2021). *Personalizing Psychotherapy: Assessing and Accommodating Patient Preferences.* Washington, DC: American Psychological Association.

O'Hanlon, W. H. (1999). *Do One Thing Different: And Other Uncommonly Sensible Solutions to Life's Persistent Problems.* New York: William Morrow.

O'Hanlon, W. H. & Hexum, A. L. (1990). *An Uncommon Casebook: The Complete Clinical Work of Milton H. Erickson M.D.* New York: Norton.

Paul, K. E. & van Ommeren, P. (2013). A primer on single session therapy and its potential application in humanitarian situations. *Intervention*, 11(1), 8–23.

Pugh, M. (2019). *Cognitive Behavioural Chairwork: Distinctive Features.* Abingdon, Oxon: Routledge.

Pugh, M. (2021). Single-session chairwork: Overview and case illustration of brief dialogical psychotherapy. *British Journal of Guidance & Counselling*, DOI: 10.1080/03069885.2021.1984395

Quick, E. R. (2012). *Core Competencies in the Solution-Focused and Strategic Therapies: Becoming a Highly Competent Solution-Focused and Strategic Therapist.* New York: Taylor & Francis.

Ratner, H., George, E. & Iveson, C. (2012). *Solution Focused Brief Therapy: 100 Key Points and Techniques*. Hove, East Sussex: Routledge.

Reinecke, A., Waldenmaier, L., Cooper, M. J. & Harmer, C. J. (2013). Changes in automatic threat processing precede and predict clinical changes with exposure-based cognitive-behavior therapy for panic disorder. *Biological Psychiatry*, 73, 1064–1070.

Rescher, N. (1993). *Pluralism: Against the Demand for Consensus*. Oxford: Oxford University Press.

Riemer, M., Stalker, C. A., Dittmer, C., Cait, C.-A., Laurier, W., Horton, S., Kermani, N. & Booton, J. (2018). The walk-in counselling model of service delivery: Who benefits most? *Canadian Journal of Community Mental Health*, 37(2), 29–47.

Rogers, C. R. (1951). *Client-Centred Therapy*. London: Constable.

Rosenbaum, R., Hoyt, M. F. & Talmon, M. (1990). The challenge of single-session therapies: Creating pivotal moments. In R. A. Wells & V. J. Giannetti (Eds.), *Handbook of the Brief Psychotherapies* (pp. 165–189). New York: Plenum Press.

Rosenthal, R. & Jacobson, L. (1968). *Pygmalion in the Classroom: Teacher Expectation and Pupils' Intellectual Development*. New York: Holt, Rinehart & Winston.

Rubin, Z. (1973). *Liking and Loving: An Invitation to Social Psychology*. New York: Holt, Rinehart & Winston.

Scamardo, M., Bobele, M. & Biever, J. L. (2004). A new perspective on client dropouts. *Journal of Systemic Therapies*, 23(2), 27–38.

Seabury, B. A., Seabury, B. H. & Garvin, C. D. (2011). *Foundations of Interpersonal Practice in Social Work: Promoting Competence in Generalist Practice*. 3rd edn. Thousand Oaks, CA: Sage Publications.

Sharoff, K. (2002). *Cognitive Coping Therapy*. New York: Brunner-Mazel.

Simon, G. E., Imel, Z. E., Ludman, E. J. & Steinfeld, B. J. (2012). Is dropout after a first psychotherapy visit always a bad outcome? *Psychiatric Services*, 63(7), 705–707.

Slive, A. & Bobele, M. (Eds). (2011a). *When One Hour is All You Have: Effective Therapy for Walk-In Clients*. Phoenix, AZ: Zeig, Tucker & Theisen.

Slive, A. & Bobele, M. (2011b). Walking in: An aspect of everyday living. In A. Slive & M. Bobele (Eds.), *When One Hour is All You Have: Effective Therapy for Walk-In Clients* (pp. 11–22). Phoenix, AZ: Zeig, Tucker, & Theisen.

Slive, A. & Bobele, M. (2011c). Making a difference in fifty minutes: A framework for walk-in counselling. In A.

Slive & M. Bobele (Eds.), *When One Hour is All You Have: Effective Therapy for Walk-In Clients* (pp. 37–63). Phoenix, AZ: Zeig, Tucker, & Theisen.

Slive, A. & Bobele, M. (2014). Walk-in single session therapy: Accessible mental health services. In M. F. Hoyt & M. Talmon (Eds.), *Capturing the Moment: Single Session Therapy and Walk-In Services* (pp. 73–94). Bethel, CT: Crown House Publishing.

Slive, A. & Bobele, M. (2018). The three top reasons why walk-in single sessions make perfect sense. In M. F. Hoyt, M. Bobele, A. Slive, J. Young & M. Talmon (Eds.), *Single-Session Therapy by Walk-In or Appointment: Administrative, Clinical, and Supervisory Aspects of One-at-a Time Services* (pp. 27–39). New York: Routledge.

Slive, A., McElheran, N. & Lawson, A. (2008). How brief does it get? Walk-in single session therapy. *Journal of Systemic Therapies*, 27, 5–22.

Steenbarger, B. N. (2003). *The Psychology of Trading: Tools and Techniques for Minding the Markets.* Hoboken, NJ: John Wiley & Sons.

Swaminath, G. (2006). Joke's a part: In defence of humour. *Indian Journal of Psychiatry*, 48(3), 177–180.

Talmon, M. (1990). *Single Session Therapy: Maximizing the Effect of the First (and Often Only) Therapeutic Encounter.* San Francisco: Jossey-Bass.

Talmon, M. (1993). *Single Session Solutions: A Guide to Practical, Effective and Affordable Therapy.* New York: Addison-Wesley.

Talmon, M. (2018). The eternal now: On becoming and being a single-session therapist. In M. F. Hoyt, M. Bobele, A. Slive, J. Young & M. Talmon (Eds.), *Single-Session Therapy by Walk-In or Appointment: Administrative, Clinical, and Supervisory Aspects of One-at-a-Time Services* (pp. 149–154). New York: Routledge.

Talmon, M. & Hoyt, M. F. (2014). Moments are forever: SST and walk-in services now and in the future. In M. F. Hoyt & M. Talmon (Eds.), *Capturing the Moment: Single Session Therapy and Walk-In Services* (pp. 463–486). Bethel, CT: Crown House Publishing.

Weakland, J. H., Fisch, R., Watzlawick, P. & Bodin, A. M. (1974). Brief therapy: Focused problem resolution. *Family Process*, 13, 141–168.

Weir, S., Wills, M., Young, J. & Perlesz, A. (2008). *The Implementation of Single Session Work in Community Health.* Brunswick, Victoria, Australia: The Bouverie Centre, La Trobe University.

White, M. (1989). The externalizing of the problem and the re-authoring of lives and relationships. In *Selected*

Papers (pp. 5–28). Adelaide, Australia: Dulwich Centre Publications.

Young, J. (2018). SST: The misunderstood gift that keeps on giving. In M. F. Hoyt, M.Bobele, A. Slive, J. Young & M. Talmon (Eds.), *Single-Session Therapy by Walk-In or Appointment: Administrative, Clinical, and Supervisory Aspects of One-at-a-Time Services* (pp. 40–58). New York: Routledge.

Young, J., Klosko, J. S. & Weishaar, M. E. (2003). *Schema Therapy: A Practitioner's Guide*. New York: Guilford Press.

Young, K. (2018). Change in the winds: The growth of walk-in therapy clinics in Ontario, Canada. In M. F. Hoyt, M. Bobele, A. Slive, J. Young & M. Talmon (Eds.), *Single-Session Therapy by Walk-In or Appointment: Administrative, Clinical, and Supervisory Aspects of One-at-a-Time Services* (pp. 59–71). New York: Routledge.

Young, K. & Bhanot-Malhotra, S. (2014). *Getting Services Right: An Ontario Multi-Agency Evaluation Study*. Available at: www.excellenceforchildandyouth.com.

Young, K. & Jebreen, J. (2019). Recognising single-session therapy as psychotherapy. *Journal of Systemic Therapies*, 38(4), 31–44.

Zlomke, K. & Davis, T. E. (2008). One-session treatment of specific phobias: A detailed description and review of treatment efficacy. *Behavior Therapy*, 39, 207–223.